高职高专**工业机器人技术**专业规划教材

U0267688

焊接机器人
系统操作、编程与维护

孙慧平 主 编

张银辉 卢永霞 副主编

化学工业出版社

·北京·

本书以"做中学"的项目化教学理念，按照焊接机器人系统的操作、编程与维护的工作过程，以及焊接工业机器人系统的不同组成方式进行编写，由操作基础篇、实例应用篇和提高篇三部分组成。

　　本书主要内容包括：焊接机器人系统的组成及日常维护、焊接工业机器人的结构组成及基本操作、焊机及焊接工艺参数的设置、ABB焊接机器人系统的编程与操作、FANUC焊接机器人系统的编程与操作、KUKA焊接机器人系统的编程与操作、空间位置机器人焊接的编程与操作等。

　　本书采用案例教学的形式，详细介绍了焊接工业机器人的结构特点、控制方式、分类和应用领域；焊接基础知识、常见焊接设备和焊接工艺规程；讲解了从TCP标定、坐标系选择、焊接编程、示教运行和焊接实操的完整过程，以及较为复杂的空间焊接构件的工业机器人焊接过程和示教编程。

　　本书可作为应用型本科、职业院校工业机器人、焊接等相关专业课程的教材，也可以供企业工程技术人员学习参考。

图书在版编目（CIP）数据

焊接机器人系统操作、编程与维护/孙慧平主编. —北京：
化学工业出版社，2018.1（2024.7重印）
高职高专工业机器人技术专业规划教材
ISBN 978-7-122-31016-3

Ⅰ．①焊… Ⅱ．①孙… Ⅲ．①焊接机器人-高等职业
教育-教材 Ⅳ．①TP242.2

中国版本图书馆CIP数据核字（2017）第281789号

责任编辑：王听讲　　　　　　　　　　　文字编辑：张绪瑞
责任校对：王　静　　　　　　　　　　　装帧设计：刘丽华

出版发行：化学工业出版社（北京市东城区青年湖南街13号　邮政编码100011）
印　　装：涿州市般润文化传播有限公司
787mm×1092mm　1/16　印张15　字数369千字　2024年7月北京第1版第6次印刷

购书咨询：010-64518888　　　　　　　　售后服务：010-64518899
网　　址：http://www.cip.com.cn
凡购买本书，如有缺损质量问题，本社销售中心负责调换。

　　焊接技术广泛应用于车辆、桥梁、压力容器、船舶等制造业，手工焊接劳动强度大、技术要求高、生产效率低，焊接质量完全取决于操作人员的技术水平。随着焊接件趋向结构复杂化、质量精密化，许多焊接操作人员的技术水平难以适应现代焊接加工工艺的要求，因此，许多企业正在使用焊接工业机器人系统，逐步替代批量生产中的手工操作人员。

　　由于中国焊接工业机器人研究起步晚，制造质量有待于提高，在大批量连续生产领域，基本上采用国外的焊接机器人品牌，主要有 KUKA、ABB、FANUC、OTC、安川、川崎、松下等。其配套使用的焊接电源也有高、中、低档各种品牌，高端典型品牌是奥地利的福尼斯（Fornius），国内性能比较先进的有深圳麦格米特，美国的林肯（Lincoln）、日本的松下（Panasonic）等品牌也比较常见。鉴于国内院校焊接机器人系统大多数采用工业机器人"四大家族"品牌，焊机高、中、低档都有配置的情况，本书以 ABB 机器人＋Fornius 焊机，FANUC 机器人＋Lincoln 焊机和 KUKA 机器人＋MEGMENT 焊机 3 种系统为例，阐述焊接机器人系统的操作、编程与维护的具体操作步骤和使用注意事项。

　　本书由多年从事焊接机器人应用研究工作，以及焊接机器人"理论与实践一体化"教学的本科、高职和技师学院的一线教师联合完成。宁波工程学院的孙慧平任主编，慈溪技师学院张银辉、河北化工医药职业技术学院卢永霞任副主编，宁波技师学院裘红军、慈溪技师学院的励超、李特佳，金华职业技术学院徐明辉，以及杭州湾汽车学院的蔡琛辉，参加了部分书稿的编写、教学视频拍摄、图片拍摄和处理工作。宁波职业技术学院的翟志永、余姚九龙培训学校的陈江、珠海汉迪自动化设备有限公司的李晓五为本书的编写提供了重要帮助。

　　孙慧平编写了第 1 章、第 2 章 2.1～2.3 节、第 3 章 3.3、3.4 节和第 5 章，张银辉编写了第 2 章 2.4 节、第 3 章 3.1、3.2、3.5 节和第 6 章，励超编写了第 2 章 2.5 节，卢永霞编写了第 2 章 2.6 节和第 4 章，裘红军编写了第 7 章，全书由孙慧平统稿。徐明辉、李特佳承担了 FANUC 与林肯焊接机器人系统的实操讲解和拍摄，张银辉、李特佳承担了 KUKA 与 MEGMENT 焊接机器人系统的实操讲解和拍摄，卢永霞完成了 AAB 焊接机器人系统的实操讲解和拍摄工作，裘红军负责空间结构机器人焊接实操讲解和拍摄，蔡琛辉负责全书视频的剪辑和配音工作。

　　由于编者实践操作水平有限，书稿和视频中若有不当之处，敬请读者和业内人士批评指正。在编写过程中，参阅了各机器人和焊机生产厂家的技术和培训资料，以及从事焊接、机器人研究和教学人员的教学与研究成果，在此向原作者表示衷心感谢！

编　者

第3章 焊机及焊接工艺参数的设置   **89**

实例应用篇

第4章 ABB 焊接机器人系统的编程与操作 126

第5章 FANUC 焊接机器人系统的编程与操作 149

提 高 篇

参考文献　　　　　　　　　　　　　　　　　　　　　　　**231**

导 读

1. 本书结构

本书按照焊接机器人系统的操作、编程与维护的工作过程，以及焊接工业机器人系统的不同组成方式进行编写，由操作基础篇、实例应用篇和提高篇三部分组成。

操作基础篇，包括第 1 章"焊接机器人系统的组成及日常维护"，第 2 章"焊接工业机器人的结构组成及基本操作"和第 3 章"焊机及焊接工艺参数的设置"。该篇主要介绍焊接工业机器人的结构特点、控制方式、分类和应用领域；焊接基础知识、常见焊接设备和焊接工艺规程。

实例应用篇，包括第 4 章"ABB 焊接机器人系统的编程与操作"、第 5 章"FANUC 焊接机器人系统的编程与操作"和第 6 章"KUKA 焊接机器人系统的编程与操作"。该篇采用案例教学的形式，以"FANUC 机器人-林肯焊机系统"、"KUKA 机器人-麦格米特焊接系统"和"ABB 机器人-福尼斯焊接系统"为例，讲解了从 TCP 标定、坐标系选择、焊接编程、示教运行和焊接实操的完整过程。

提高篇，第 7 章"空间位置机器人焊接的编程与操作"，讲解了较为复杂的空间焊接构件的工业机器人焊接过程和示教编程，既可供初学者自习提高，也可以供企业工程技术人员参考。

2. 学习重点

本书在整体上形成一个系统框架，各章节既相对独立，又相互关联。读者可以根据自己的需要，有选择性地学习和查阅。

对于只需要了解工业机器人、MIG/MAG 焊和 TIG 焊的读者，可以只阅读第 1、2 章；对于需要了解焊接工业机器人系统基本概况的读者，在阅读完第 1 章至第 3 章，即可有个大致的认识。

对于需要全部了解和学习焊接机器人系统的编程、操作和维护的读者，则建议在完成操作基础篇的学习的前提下，学习第 4 章至第 6 章的相关内容。

对于具备焊接工业机器人系统基础知识，重点在于实践操作的读者，可以根据已掌握的焊接技术方法和编程技巧，重点阅读第 7 章。

3. 实践检验学习法

在本书的每个章节，为了便于读者理解和实际运用，每章后均附有实际分析、编程与操作题。这些题目均是来自生产现场的实际案例，没有唯一的答案，需要读者自行根据学校或工作单位的设备、软件条件进行解题。为了方便初学者更快地了解相关知识，掌握解决方法，给出了编者完成的实际案例，并配有理论讲解和实际操作视频。

　　本书所有教学项目均经过了现场测试，并附录了真实的现场教学视频资料和教学课件，各院校可以根据自己拥有的教学平台，选择相应的教学案例进行教学或供企业用户进行入职培训。读者可以根据自己的实际需要，到化学工业出版社官网（http://www.cip.com.cn）或者化学工业出版社教学资源网站（http://www.cipedu.com.cn），免费下载使用相关的教学视频。

操作基础篇

第1章　焊接机器人系统的组成及日常维护

学习要求

　　读者通过本章的学习，形成对工业机器人、焊接电源和焊接系统的基本认识，了解工业机器人的结构特点、适用领域，以及焊接工业机器人系统的组成形式及主要设备；能够根据工件的材料、工件焊接结构特点和焊接质量要求，选用合适的焊接工业机器人系统。

1.1　焊接机器人系统的一般组成

　　焊接也称为熔接、镕接，是一种以加热、高温或者高压的方式接合金属，或其他热塑性材料的制造工艺及技术，主要可以通过下列 3 种途径达成材料接合的目的。

　　① **压焊**：在焊接过程中必须对焊件施加压力，适用于各种金属材料和部分非金属材料的加工。

　　② **钎焊**：采用比工件母材熔点低的金属材料作为钎料，利用液态钎料润湿母材，填充接头间隙，并与母材互相扩散实现工件的接合。适合于各种材料的焊接加工，也适合于不同金属或异类材料的焊接加工。

　　③ **熔化焊**：通过熔化母材和填充料，冷却后实现材料间连接的方法。熔化焊接的能量来源种类繁多，有气体火焰、电弧、激光、电子束、摩擦和超声波等。本章以金属材料的主要焊接工艺形式——机器人弧焊和点焊作为焊接机器人系统的教学对象，阐述焊接机器人系统中的工业机器人、焊接电源和焊接外围设备的功能和维护保养方法。焊接机器人外形示意如图 1-1 所示。

1.1.1　焊接机器人系统的分类

　　焊接机器人系统是指从事焊接（含切割与喷涂）工作，由工业机器人、焊接电源、焊枪或焊钳、送丝机，以及变位机、气源、除尘器和安全护栏等组成，可完成规定焊接动作、获得合格焊接构件的系统。国际标准化组织（ISO）将焊接机器人定义为一种多用途的、可重复编程的自动控制操作机，具有三个或更多可编程的轴，在机器人的最后一个轴的机械接口

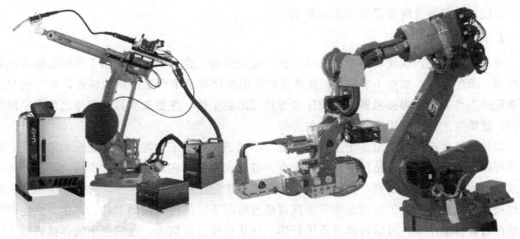

(a) 弧焊机器人　　　　　　　　　　(b) 点焊机器人

图 1-1　焊接机器人

安装有焊钳或焊（割）枪，能够进行焊接、切割或热喷涂的工业自动化系统。焊接工业机器人系统主要有以下两种组成形式。

1. 焊接工作站（单元）

焊接机器人与焊接电源和外围设备组成可以独立工作的单元，称之为焊接工作站或焊接机器人单元，如图 1-2 所示。

如果工件在整个焊接过程中无需改变位置（变位），一般采用夹具将工件直接定位在工作台面上，这是最简单的焊接单元。在实际生产中，大多数工件在焊接过程需要通过变位，使焊缝处在较好的位置（姿态）下进行焊接。需要配置用于改变工件位置的设备（变位机）与工业机器人协调运动才能实现，这是焊接工作站的常规组成。

图 1-2　焊接工作站　　　　　　　　　　图 1-3　焊接生产线

为保证焊缝在较好的姿态下进行焊接，可以采用在变位机完成工件变位后，由工业机器人带动焊枪移动进行焊接；也可以在变位机进行变位的同时，工业机器人进行轨迹移动完成焊接。通过变位机的运动及机器人运动的复合，使焊枪相对于工件的运动既能满足焊缝轨迹，又能满足焊接速度及焊枪姿态的要求。

2. 焊接生产线

焊接机器人生产线比较简单的集成方法，是把多台工作站（单元）用工件输送线连接起来组成一条生产线，如图1-3所示。这种生产线仍然保持了单个工作站的特点，每个站只能用选定的工件夹具及焊接机器人的程序来焊接预定的工件，在更改夹具及程序之前的一段时间内，这条生产线不能用于其他工件的焊接。

焊接柔性生产线也是由多个工作站组成，不同的是被焊工件均装夹在统一的治具上，而治具可以与线上任何一个站的变位机相配合并被自动夹紧。在焊接柔性生产线上，首先需要完成治具编号或工件的识别，自动调出焊接该工件指定工序的焊接程序，控制焊接机器人进行焊接。可以在每一个工作站无需作任何调整的情况下，焊接不同的工件。焊接柔性生产线一般配备有移动小车，可以自动将点固好的工件从存放工位取出，送到空闲的焊接机器人工作站；也可以从焊接机器人工作站上把完成焊接的工件取下，送到成品件流出位置。

工厂具体选用何种形式的焊接工业机器人系统，应当根据实际情况选择。焊接专机适合批量大，改型慢的产品，而且工件的焊缝数量较少、较长，形状规矩（直线、圆形）的情况；焊接机器人工作站一般适合中、小批量生产，被焊工件的焊缝可以短而多，形状较复杂；焊接柔性生产线则适用于产品品种多，每批数量又很少的情况。在大力推广智能制造和无人制造的情况下，柔性焊接机器人生产线将是未来的主要发展形式。

3. 弧焊机器人

弧焊工艺已在诸多行业中得到普及，弧焊机器人在通用机械、造船等许多行业中得到广泛运用。弧焊机器人是包括各种电弧焊附属装置在内的柔性焊接系统，因而对其性能有着特殊的要求。

在弧焊作业中，焊枪尖端应沿着预定的焊道轨迹运动，并不断填充金属形成焊缝。因此运动过程中速度的平稳性和重复定位精度是两项重要指标。一般情况下，焊接速度约取 $30\sim300\mathrm{cm/min}$，轨迹重复定位精度约为 $\pm(0.2\sim0.5)\mathrm{mm}$。工业机器人其他一些基本性能要求如下。

① 与焊机进行通信的功能；

② 设定焊接条件（焊接电流、焊接电压、焊接速度等），引弧、熄弧焊接条件设置，断弧检测及搭接等功能；

③ 摆动功能和摆焊参数设置；

④ 坡口填充功能；

⑤ 焊接异常检测功能；

⑥ 焊接传感器（起始焊点检出及焊缝跟踪）的接口功能；

⑦ 与计算机及网络接口功能。

4. 点焊机器人

汽车工业是点焊机器人系统的主要应用领域，在装配每台汽车车体、车身时，大约60%的焊点是由机器人完成。点焊机器人最初只用于在已拼接好的工件上增加焊点，后来为了保证拼接精度，又需要机器人完成定位焊作业。点焊机器人逐渐被要求有更好的作业性能，主要有：

① 与点焊机的接口通信功能；

② 工作空间大;

③ 点焊速度与生产线速度相匹配,快速完成小节距的多点定位(大约每 0.3～0.4s 移动 30～50mm,且准确定位);

④ 夹持重量大(50～100kg),以便携带内装变压器的焊钳;

⑤ 定位准确,精度约±0.25mm,以确保焊接质量;

⑥ 内存容量大,示教简单;

⑦ 离线编程接口功能。

1.1.2　焊接机器人系统的一般组成

焊接机器人工作站(单元)是各种形式的焊接机器人系统的基础,通常由工业机器人系统、焊接设备、负责机器人或工件移动的机械装置、工件变位装置、工件的定位和夹紧装置、气体供应系统、焊枪喷嘴或焊钳电极的清理修整装置、安全保护装置等组成。根据工件的具体结构情况、所要焊接的焊缝位置的可达性和对接头质量的要求,焊接机器人工作站的配置有所不同。

图 1-4 所示为两工位焊接机器人系统,工件在整个焊接过程中需要改变位置(变位),配置有翻转变位机。在本书下面的阐述中所说的工业机器人系统包括工业机器人、防碰撞传感器、机器人控制柜和示教盒等;焊接设备包括焊枪(或焊钳、切割器和涂装喷嘴)、焊接电源、送丝机、焊丝盘、气体供应系统;工件安装平台则包括工作台、夹具、治具等;工件变位装置简称为变位机。外围设备则包括了焊枪喷嘴或焊钳电极的清理修整装置(清枪站)、

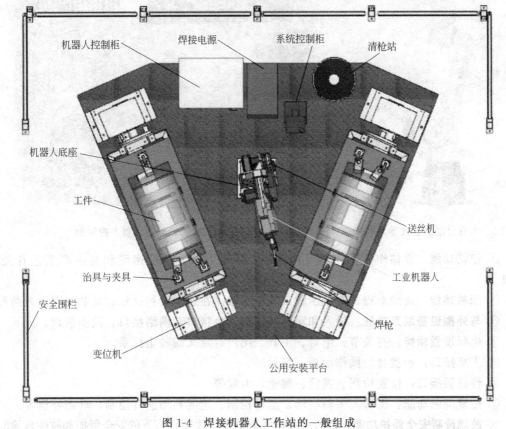

图 1-4　焊接机器人工作站的一般组成

通风除尘设备和安全保护装置（安全围栏）。在焊接机器人系统中工业机器人系统负责焊接运行轨迹；焊接设备负责提供熔接能源和焊接填充材料、营造焊接环境；工件安装平台和变位机负责夹持工件并与工业机器人系统协同工作，以保证焊缝的最佳位置。外围设备主要负责生产安全和生产准备。

1.1.3 主要设备的基本功能

1. 工业机器人的组成与作用

在焊接机器人系统中一般选用六自由度工业机器人，由机器人本体和控制柜两部分组成。

六自由度工业机器人本体（见图1-5）由底座、大臂、小臂和手腕等部分组成，有腰部、肩部、肘部和腕部等关节，具有腰部左右摆动、肩部和肘部上下摆动、小臂旋转、腕部摆动和旋转等六个自由度。在焊接机器人系统中主要承担搭载焊枪、送丝机和焊丝盘，并根据焊接要求将焊丝顶端准确移动到焊缝所在的位置。

机器人控制柜（见图1-6）内部安装有控制板卡，外部配置有相应的按钮，并与示教盒通过电缆连接。控制柜是机器人的重要组成部分，用于控制机器人本体及外部设备工作，以完成特定的任务，其基本功能如下。

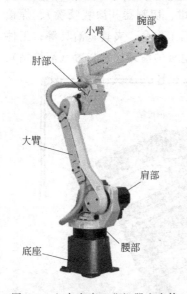

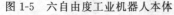

图1-5 六自由度工业机器人本体

图1-6 FANUC工业机器人控制柜

① **记忆功能**：存储作业顺序、运动路径、运动方式、运动速度和与生产工艺有关的信息。

② **示教功能**：离线编程，在线示教，间接示教。在线示教包括示教盒和导引示教两种。

③ **与外围设备联系功能**：输入和输出接口、通信接口、网络接口、同步接口。

④ **坐标设置功能**：有关节、绝对、工具、用户自定义四种坐标系。

⑤ **人机接口**：示教盒、操作面板、显示屏。

⑥ **传感器接口**：位置检测、视觉、触觉、力觉等。

⑦ **位置伺服功能**：机器人多轴联动、运动控制、速度和加速度控制、动态补偿等。

⑧ **故障诊断安全保护功能**：运行时系统状态监视、故障状态下的安全保护和故障自诊断。

KUKA 机器人示教盒如图 1-7 所示。

(a) 示教盒正面　　　　　　　　　　　　　　(b) 示教盒反面

图 1-7　KUKA 机器人示教盒

2. 焊接设备的组成与功能

焊接设备在本书中包括了焊接电源、焊枪、送丝机等。

焊接电源是为焊接提供电流、电压并具有适合该焊接方法所要求的输出特性的设备，也称为焊机（见图 1-8）。焊接电源种类繁多，不同的焊机有不同的性能和使用场合。

图 1-8　福尼斯焊机

图 1-9　福尼斯送丝机

① **交流手工弧焊机**：主要用于焊接厚度 2.5mm 以上的各种碳钢。

② **氩弧焊机**：常用于焊接厚度 2mm 以下的合金钢。

③ **直流焊机**：焊接生铁和有色金属。

④ **二氧化碳保护焊机**：通常用于焊接 2.5mm 以下的薄板构件。

⑤ **埋弧焊机**：一般用于焊接 H 钢、桥架等大型钢构件。

⑥ **对焊机**：以焊接索链等环型材料为主。

⑦ **点焊机**：以点击方式完成两块钢板的焊接。

⑧ **高频直缝焊机**：主要用于焊接诸如自来水管的直线焊缝。

⑨ **滚焊机**：以滚动形式焊接罐底等。

⑩ **激光焊机**：以激光的形式提供焊接能量，常用于不耐温度的产品，如三极管内部接线等。

送丝机是一种在控制系统的控制下，可以根据设定的参数连续稳定地送出焊丝的自动化送丝装置，如图 1-9 所示。主要用于机器人焊接、手工焊接、氩弧焊、等离子焊和激光焊等焊接过程中的自动送丝。

焊枪（见图 1-10）是在焊接过程中执行焊接操作的部件，有三阴极焊枪、氩弧焊枪、塑料焊枪、CO_2 焊枪、火焰焊枪和电烙铁等。焊枪利用焊机的高电流、高电压产生的热量聚集在焊枪终端熔化焊丝，熔化后的焊丝渗透到需焊接的部位，冷却后使被焊接的物体牢固地连接成一体。

图 1-10　CO_2 气体保护焊枪

1.2　焊接机器人系统的常规保养

焊接机器人系统是由工业机器人系统、焊接设备、工件安装平台、变位机和外围设备组成的复杂系统，而工业机器人、变位机和焊接电源等本身就是典型的机电一体化设备，只有科学地精心维护才能保证其良好的工作状态，延长其无故障工作时间，以及系统的寿命周期。

1.2.1　常规保养制度

设备常规保养一般包括日常保养、一级保养和二级保养。

日常保养又称为设备点检，分为每天班后小保养和每周班后大保养，由设备操作者负责。主要内容为检查设备使用和和运转情况，填写好交接班记录；对设备各部件进行擦洗清洁，定时加注润滑剂；对易松脱的零件进行紧固，调整消除设备小缺陷；检查设备零部件是否完整，工件、附件是否放置整齐等。

一级保养是指两班制工作的设备运行一个月，以操作者为主，维修工人配合进行的保养，经过一级保养后使设备达到外观清洁明亮、油路畅通、操作灵活、运转正常；安全防护、指示仪表齐全、可靠。主要工作内容有：

① 检查、清扫、调整电器控制部位；

② 彻底清洗、擦拭设备外表，检查设备内部；

③ 检查、调整各操作、传动机构的零部件；

④ 检查油泵、疏通油路，检查油箱油质、油量；

⑤ 检查、调节各指示仪表与安全防护装置；

⑥ 排除故障隐患和异常，消除泄漏现象等；

⑦ 记录保养的主要内容，保养过程中发现和排除的隐患异常，试运转结果，试生产工件精度，以及运行性能等。

二级保养是以维持设备的技术状况为主的检修形式，以专业维修人员为主完成，操作工协助，主要针对设备易损零部件的磨损与损坏进行修复或更换。二级保养前后应对设备进行动、静态技术状况测定，并认真做好保养记录。

二级保养除完成一级保养的全部工作外，还要求对润滑部位进行全面清洁，结合换油周期检查润滑油质，进行清洗换油。检查设备动态技术状况（噪声、震动、温升、油压等）与主要精度（波纹、表面粗糙度等），调整设备安装水平，校验机装仪表，测量绝缘电阻；更换或修复零部件，修复安全装置，清洗或更换轴承等。经过二级保养后要求设备精度和性能达到工艺要求，无漏油、漏水、漏气、漏电现象，声响、震动、压力、温升等符合标准。

1.2.2 工业机器人系统的保养

工业机器人系统由机器人本体、控制柜、示教盒和外加传感器等组成，不同的机器人系统保养的要求和内容略有不同，定期保养周期一般分为日常、三个月、六个月、一年、两年和三年等。

日常保养分为机器人本体保养和控制柜保养。本体的日常保养主要内容有：

① 各轴的电缆、动力电缆与通信电缆的连接是否良好；

② 各轴的运动状况是否正确，有无异常振动和噪声；

③ 本体齿轮箱、手腕等是否有漏油、渗油现象；

④ 机器人零位是否正常；

⑤ 检查机器人本体电池；

⑥ 各轴电机的温升与抱闸是否正常；

⑦ 各轴的润滑是否良好；

⑧ 各轴的限位挡块是否松动。

机器人控制柜和示教盒的日常保养主要有：

① 柜子内部有无杂物、灰尘等及密封是否良好；

② 电气接头是否松动，电缆是否松动或者破损的现象；

③ 检查程序存储电池；

④ 检测示教器按键的有效性，急停回路是否正常，显示屏是否正常显示，触摸功能是否正常；

⑤ 检测机器人是否可以正常完成程序备份和重新导入功能；

⑥ 检查变压器以及保险丝。

三个月保养内容：

① 清除机器人本体和控制柜上的灰尘和杂物；

② 拧紧机器人上的盖板和各种附加件；

③ 检查接插件的固定状况是否良好；

④ 检查并重新连接机械本体的电缆；

⑤ 检查控制柜连接电缆；

⑥ 检查控制器的通风情况。

六个月保养主要针对有平衡块的机器人进行，检查并更换平衡块轴承的润滑油，具体要求按随机的机械保养手册。

一年保养主要是更换机器人本体上的电池，而三年保养则需要更换机器人减速器的润滑油。

1.2.3　焊接设备的保养

焊接设备的保养周期分为日常保养、每月保养、三月检查、半年保养和一年保养。

每日检查与保养由操作者完成，主要检查设备的各个阀门、开关是否正常；设备的各个自动部件是否正常运转；焊接前进行试点火，检查焊接火焰是否呈蓝色。

每月保养的主要内容为各连接部位是否有异常声音；各电机是否有异常噪声；配管是否有泄漏。

三月保养主要工作是检查电气连接是否完好，过滤器是否有附着物，油槽是否有沉淀物。

半年保养主要检查各动作与各处压力表指示是否正常，各动作部件的运动速度是否符合要求，轴承温升是否有正常范围内，气管接头是否牢固、是否漏气；拧紧各固定螺钉、保证管道固定可靠。

每年须对电压表、电流表进行校准，测试电气系统绝缘参数，检查气压回路。

1.3　焊接机器人系统的主要配套设备与保养

要使焊接机器人系统能够顺利完成工件的焊接，还需要有相应的配套设备。主要有工业机器人的底座，工件的固定工作台，工件的变位、翻转、移位装置，工业机器人的龙门机架、固定机架和移动装置，通风除尘设备和安全围栏等。

工件的固定还需要有治具和夹具，还可能需要配备清枪、剪丝装置和焊钳电极的修整、更换装置等辅助设备。大部分工业机器人的生产厂家都有自己的标准配套设备可供选用，如果选用非机器人生产商的配套设备，必须考虑兼容性问题。

1.3.1 变位机的种类

变位机是用来带动待焊工件，使其待焊焊缝运动至理想位置，方便施焊作业的设备。变位机可使焊缝处于水平或船型位置，易于获得质量高、外观好的焊接接头。变位机在焊接机器人系统中占有重要的地位，种类比较多，应根据实际情况选择。

变位机是一个品种多，技术水平较高，小、中、大发展齐全的产品。变位机在技术上分普通型和无隙传动伺服控制型两类，额定负荷范围达到 0.1～18000kN。生产焊接操作机、滚轮架、焊接系统及其他焊接设备的厂家，大都生产焊接变位机；生产焊接机器人的厂家，大都生产机器人配套的焊接变位机。但以焊接变位机为主导产品的企业非常少见，德国 Severt 公司、美国 Aroson 公司是比较典型的生产焊接变位机的企业。德国 CLOOS、奥地利 IGM、日本松下等工业机器人公司都生产与机器人配套的伺服控制焊接变位机。

1. 焊接工作台

若被焊工件的焊缝少，或处在水平位置，或对焊接质量要求不很高，焊接时不需工件变位，可以将工件固定在工作台上。工作台上面可以固定一个或多个夹具，机器人在各工位间来回焊接，虽然操作工人需要翻转工件和装卸工件才能完成一个工件的焊接，但可节省一套工件变位（翻转）机等的投资，且生产节拍一般也能保证。如图 1-11 所示。

图 1-11　焊接工作台

2. 旋（回）转工作台

旋（回）转工作台只有一个使工件旋转的台面，没有倾斜功能。工作台上的旋（回）转盘是由电动机驱动，可以实现无级变速。旋（回）转工作台多用于环形焊缝的焊接，即转盘带动工件旋转，机器人将焊枪定位在工件上方进行焊接。此类旋（回）转工作台通常采用圆形工作台面，可以设计成两工位的旋（回）转工作台，每次转动 180°，把工件轮流送到焊接工作区和工件上下料区。也可通过分度机构驱动台面作分度转动，每次只转动 30°、45°、60° 或 90°，将固定在转盘周边的工件依次送入、送出焊接区。如把工件固定在转盘中心，则可将工件的不同侧面分别转向机器人以便焊接。如图 1-12 所示。

图 1-12　旋（回）转工作台

3. 旋转倾翻变位机

旋转倾翻变位机（见图 1-13）是在上述旋（回）转工作台的基础上增加一个使转盘能倾斜的轴。该类变位机的旋转轴大多由伺服电动机通过变速箱驱动，闭环控制，无级调速，可与工业机器人实现联动。倾斜轴有气缸驱动的也有电动机驱动的，但气缸只能倾斜有限的几个选定角度，并用定位销锁定位置，而电动机驱动的可实现无级定位。转盘可由电动机驱动连续转动或通过分度机驱动作分度转动。此类变位机可以使工件焊缝处于水平或船形位置。但一般最大倾斜的角度有限，一般只能向下倾斜 90°～120°。这种变位机多用于重心较低、较短小的工件。

图 1-13　旋转倾翻变位机

4. 翻转变位机

翻转变位机是由头座和尾架组成，适用于长工件的翻转变位，如图 1-14 所示。一般由伺服电动机驱动头座转盘，采用码盘反馈实现闭环控制，可以任意调速和定位。但也可通过分度机构驱动，翻转几个固定的位置。尾架的转盘轴为被动轴。通常头座、尾架之间用一个长方形框架连接起来，框架上装有固定工件的夹具。有时也可利用长工件本身来连接头尾座，但注意装配定位焊后工件要有足够的刚性和强度来传递扭矩，以便能正常运动。

图 1-14　翻转变位机

1.3.2　变位机的维护与保养

1. 变位机的安全操作

① 变位机须由专门人员操作，严禁超载使用本设备进行焊接作业。

② 吊装工件时，不得撞击工作台，避免造成设备损坏。

③ 当工作台上装有工件，进行翻转时应当避免工件碰撞到地面。

④ 每次变换工作台旋转方向时，须确认工作台静止后再变向。

⑤ 选用合适的螺栓工件，防止侧翻时工件从工作台滑落。

⑥ 低温使用本设备时，必须空载运行 5min 预热后再工作。

⑦ 每次使用设备前，须确保翻转限位器灵敏、可靠。

⑧ 设备有异常声音或故障时必须停用，严禁设备带病运行。

2. 变位机的日常保养

① 每天使用设备前，清除旋转齿轮及翻转齿轮上的污物并适量加注润滑油。

② 每天使用设备前，检查设备电缆线的完好性，发现破皮、断裂、接触不良等及时修复。

③ 每次焊接完工件后，及时清除工作台上的焊渣等。

④ 每天工作结束后，认真如实填写设备交接班记录，详细记录设备运行情况。

3. 变位机的一级保养

① 每次一级保养时，清除配电箱内灰尘，并检查紧固配电箱内各部位接线端子。

② 每次一级保养时，检查工作台回转轴及轴承是否顺畅，有无异响，及时更换受损轴承。

③ 每次一级保养时，检查回转、翻转变速箱的润滑油，及时更换或添加。

④ 认真填写设备定期保养记录。

1.3.3 外围设备的保养

本书所指外围设备主要有清枪站、通风除尘设备和安全围栏两部分。安全围栏是保护人身安全、保证安全生产的重要屏障，其保养的重点是安全防护开关是否正常工作，连接电缆接头有无松动现象，每日均须进行检查和保养。

1. 焊枪喷嘴的清理装置

一般 CO_2（MAG）气体保护焊有较大的飞溅，会逐步粘在焊枪的喷嘴和导电嘴上，影响气体保护效果、送丝的稳定性。因此，根据飞溅的大小情况，在每次焊接若干个工件后对喷嘴和导电嘴进行一次清理。

当工业机器人运行焊枪喷嘴清理子程序时，机器人将焊枪送到清理装置的上方，清理装置中的接近开关接到焊枪到位或接收到机器人控制柜发出的开始清理信号后，自动清理装置的气动夹钳将喷嘴夹紧，清理飞溅的弹簧刀片开始升起并旋转，一边高速旋转，一边慢慢伸入喷嘴内，将喷嘴和导电嘴表面黏附的飞溅颗粒刮下来。

使用带有通向喷嘴的高压气管的焊枪时，在弹簧刀片清理飞溅时及清理完毕后，从高压管向喷嘴里喷出一股高速气流，将喷嘴内的残留飞溅颗粒彻底清除。喷嘴清理后，弹簧刀片下降，气动夹钳松开，并发信号给控制柜，工业机器人将焊枪移动到喷防飞溅油的喷嘴上方，用压缩空气把防飞溅油喷入喷嘴内。防飞溅油能减轻飞溅颗粒在喷嘴和导电嘴上的黏附牢度。

2. 剪焊丝装置

配备剪焊丝装置是为了去掉焊丝端头上的小球保证引弧的一次成功率。目前大多数弧焊机器人所选用的焊接电源，大多数具有熄弧时自动去除焊丝端头小球的功能。多数情况下，焊丝端头的小球在熄弧时已经没有大的小球，可以不配备剪焊丝装置。如果工业机器人需要利用焊丝的端头来进行接触寻位，焊丝的伸出长度必须保持一致，则必须配备剪焊丝装置。

工业机器人运行剪丝子程序时，机器人将焊枪送到指定位置，焊枪和刀片相对位置固定，送丝机自动点送一段焊丝后，剪丝机自动将焊丝剪断，使每次剪后的焊丝伸出长度（干伸长）保持一致，均为预定长度（15~25mm）。

3. 清枪站的保养

清枪站综合了焊枪喷嘴清理和剪丝功能，是焊接生产线的必备设备，主要用以保证生产线的高效运行，而一般焊接工作站较少配备。如图 1-15 所示。

在对清枪站维护保养时，必须将压缩空气切断，防止自动或他人误操作，导致清枪站意外工作而对人身产生危险。在清枪站运行时，不得触摸旋转刀头和剪丝机，避免对肢体产生危险，防止身上佩带物品或衣服被旋转的刀头卷入清枪站机构中。在使用硅油喷射装置时，

图 1-15　宾采尔清枪站

注意防止喷射出的飞溅液意外进入眼睛。清枪站的维护保养内容如下。

①　由于 V 形块是焊枪清枪时候的定位装置，与喷嘴必须紧贴，才能保证位置准确。V 形块必须每日清理干净，避免清枪时对焊枪造成损坏。

②　由于 V 形块在长时间的清枪过程中容易磨损，需要通过 V 形块调整支架来调节位置，才能保证清枪的准确，须保证清洁干净。

③　气动马达是清洁焊枪的绞刀的动力装置，因在更换绞刀时需要松开紧固螺栓，将气动马达放下来，才能更换绞刀。所以及时清洁，避免调整气动马达时候产生位置偏差。

④　定期清理剪丝机气动回路，避免剪丝不顺畅。

⑤　收集杯用于盛放焊渣及剪切掉的焊丝。在每班工作完成后，应该及时清理收集杯。

⑥　每周拧开气动马达下面的胶木螺钉放水以免使转轴生锈影响转动。每周检查一次硅油瓶中的硅油。

4. 除尘器的维护保养

焊接工业机器人系统一般采用袋式除尘器，或者过滤网式除尘器，均属于滤料过滤除尘。其中维护保养内容如下。

在袋式除尘器的日常运行中，由于运行条件会发生某些改变，或者出现某些故障，都将影响设备的正常运转状况和工作性能，要定期地进行检查和适当的调节，以延长滤袋寿命，降低动力消耗。

（1）及时检查流体阻力

如出现压差增高，意味着滤袋出现堵塞、滤袋上有水汽冷凝、清灰机构失效、灰斗积灰过多以致堵塞滤袋、气体流量增多等情况。而压差降低则意味着出现了滤袋破损或松脱、进风侧管道堵塞或阀门关闭。箱体或各分室之间有泄漏现象、风机转速减慢等情况。

（2）及时消除安全隐患

在处理焊接尾气时，常有高温的焊渣、火星等进入系统之中，同时，大多数滤料是易燃烧、摩擦易产生积聚静电的材质，在这样的运转条件下，存在着发生燃烧、爆炸事故的危害，务必采取防止燃烧、爆炸和火灾事故的措施。

思考与练习题

1. 简述各种焊接工艺方法的特点和应用场合。

2. 焊接机器人系统主要由哪几种设备组成？

3. 完成实训场所的工业机器人的日常保养一次，包括机器人本体、机器人控制柜、焊接设备和外围设备的维护和保养，并完成保养记录。

第2章 焊接工业机器人的结构组成及基本操作

 学习要求

读者通过本章学习，将了解工业机器人机械结构和控制系统的硬件组成，以及各种机器人结构的特点和适用场合，示教编程的基本方法；能够在实际操作过程中正确地理解和区分工业机器人的三大部分和六个子系统，理解它们之间的运动和控制关系；对谐波减速器、RV减速器等驱动元件，机器人离线编程、机器人坐标系等概念有基本了解；基本掌握机器人示教编程方法，为后续的机器人焊接编程操作奠定基础。

焊接机器人是从事焊接（切割与喷涂）工作的工业机器人，是一种具有三个及以上可编程的轴，多用途的、可重复编程的自动控制操作机（Manipulator），广泛应用于工业自动化领域。机器人最后一个轴的机械接口形式通常为连接法兰，可接装不同的工具（末端执行器）以适应不同的用途。焊接机器人在工业机器人的连接法兰上装载焊钳或焊（割）枪，使之能够进行焊接、切割或喷涂。

工业机器人由机械、传感和控制三大部分组成，分为伺服驱动、机械本体、计算机控制、传感系统、输入输出（I/O）和人机交互六个子系统。

机械部分是机器人的骨骼和肌肉，包括伺服驱动单元和机械本体两个子系统。

1. 伺服驱动单元

要使机器人正常运行，需要伺服驱动单元为机器人各部分、各关节动作提供原动力，驱动关节并带动负载按预定的轨迹运动。伺服驱动单元可以是液压传动、电动传动、气动传动，或是几种方式结合起来的综合传动。现有工业机器人以电动传动为主，主流的伺服驱动有安川、多摩川、FANUC、三菱、富士、松下等。

2. 机械本体

工业机器人机械本体结构主要由机身、臂部、腕部和手部四大部分构成，每一个部分具有若干的自由度，构成一个多自由的机械系统。末端执行器是直接安装在手腕上的一个重要部件，它可以是多手指的手爪，也可以是喷枪、焊具等作业工具。

感受部分相当于人类的五官，为机器人工作提供感觉，帮助机器人更加精确地工作。这部分主要可以分为两个感受和环境交互（输入输出 I/O）。

3. 感受系统

感受系统由内部传感器模块和外部传感器模块组成，用于获取内部和外部环境状态中有意义的信息。智能传感器可以提高机器人的机动性、适应性和智能化的水准。对于一些特殊的信息，传感器的灵敏度甚至可以超越人类的感觉系统。

4. 环境交互系统（输入输出 I/O）

工业机器人通常需要与外部设备集成为诸如加工制造、焊接、装配等功能单元，也可以由多台机器人、多台机床设备或者多个零件存储装置集成为一个能执行复杂任务的功能单元。机器人的环境交互系统（输入输出 I/O）则是实现工业机器人与外部环境中的设备相互联系和协调的系统。

控制部分相当于机器人的大脑，可以直接或者通过人工对机器人的动作进行控制，控制部分也可以分为两个系统。

5. 人机交互系统

人机交互系统是使操作人员参与机器人控制并与机器人进行联系的装置，包括指令给定系统和信息显示装置。有计算机标准终端、指令控制台、信息显示板、危险信号警报器、示教盒等。

6. 计算机控制系统

计算机控制系统根据机器人的作业指令程序以及从传感器反馈回来的信号指挥执行机构完成规定的运动和功能。根据控制原理的不同，可以分为程序控制系统、适应性控制系统和人工智能控制系统三类。

2.1 焊接机器人本体结构的基本形式

2.1.1 焊接机器人的组成与分类

焊接机器人按坐标形式可分为直角坐标型、圆柱坐标型、球坐标型和关节型 4 种。

1. 直角坐标型机器人

直角坐标机器人是指在工业应用中，能够实现自动控制、可重复编程、多功能、多自由度运动，且运动自由度之间成空间直角关系的多用途操作机，如图 2-1 所示。为了降低直角坐标机器人的成本，缩短产品的研发周期，增加产品的可靠性、提高产品性能，大多数直角坐标机器人已实现模块化，线性模组则是模块化的典型产品，如图 2-2 所示。线性模组通常由下列部分组成。

① 模组底座：轨道的安装支撑件，不同于一般铝型材，必须保证足够精度的直线度、平面度。

② 运动轨道：安装在模组底座上，直接支撑运动的滑块。一件底座上可以安装一根运动轨道，也可以安装多根运动轨道，轨道的特性及数量直接影响线性模组的力学特性。线性模组的运动轨道常用直线滚动导轨和直线圆柱导轨。

③ 运动滑块：由负载安装板、轴承架、滚轮组（滚珠组）、除尘刷、润滑腔、密封盖等组成。运动滑块与轨道通过滚轮或滚珠耦合在一起，实现运动的导向。

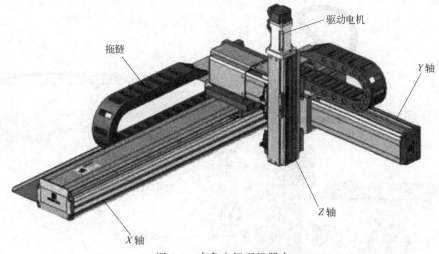

图 2-1　直角坐标型机器人

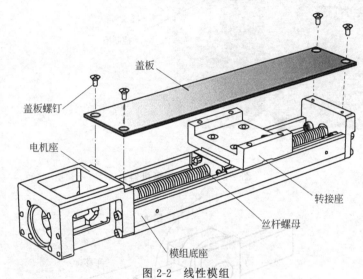

图 2-2　线性模组

④ 传动元件：通用的传动元件有同步带、齿形带、滚珠丝杠、精密齿条、直线电动机等。

⑤ 轴承及轴承座：用于安装传动元件及驱动元件。

为实现精确的运动定位，线性模组常用交流/直流伺服电动机驱动系统、步进电动机驱动系统、直线伺服电动机/直线步进电动机驱动系统。在要求高动态，高速运行状态、大功率驱动等场合多用交流/直流伺服电动机系统；在要求低动态，低速运行状态、小功率驱动等场合可用步进电动机系统作为驱动；而在要求极高动态，高速运行状态、高定位精度等场合才会用到直线伺服系统驱动。

2. 圆柱坐标型机器人

圆柱坐标型机器人（见图 2-3）有 2 个移动关节和 1 个转动关节，工作范围为一个带缺口的圆柱环状体。具有结构简单、占地面积小、位置精度高、运动直观、控制方便、价格低廉等特点，但不能抓取靠近立柱或地面上的物体。

3. 球（极）坐标型机器人

球（极）坐标型机器人具有 1 个移动关节和 2 个转动关节，其工作范围为球缺形状。如图 2-4 所示。

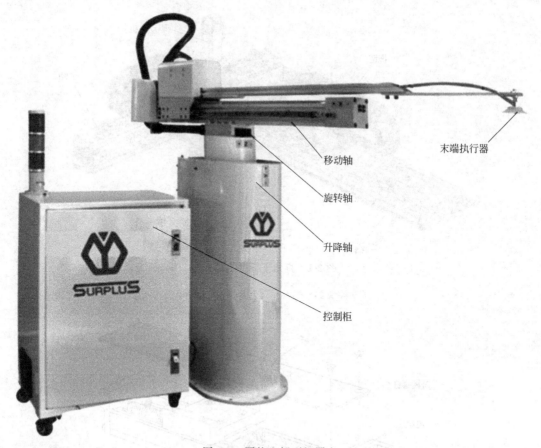

移动轴

末端执行器

旋转轴

升降轴

控制柜

图 2-3　圆柱坐标型机器人

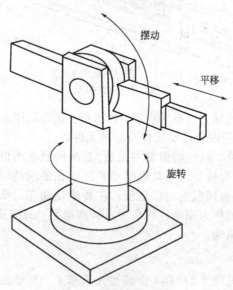

摆动

平移

旋转

图 2-4　球坐标型机器人

4. 关节型机器人

关节型机器人也称关节手臂机器人或关节机械手臂，是当今工业领域中最常见的工业机器人的形态之一，适用于装配、喷漆、搬运、焊接等诸多工业领域的机械自动化作业。

按照关节型机器人的工作性质可分为搬运机器人、点焊机器人、弧焊机器人、喷漆机器人和激光切割机器人等等。按照关节型机器人的构造可以分为平面关节机器人（见图 2-5）、托盘关节机器人（见图 2-6）和五、六轴关节机器人。

图 2-5 平面关节机器人   图 2-6 托盘关节机器人

五、六轴关节机器人常用于机床上下料、喷漆、焊接、装配、铸锻造等行业领域；托盘关节机器人一般有两个或四个旋转轴，以及机械抓手的定位锁紧装置，常用于装货卸货、包装、特种搬运和托盘运输等领域；平面关节机器人有三个互相平行的旋转轴和一个线性轴，主要用于平面的焊接、包装、固定、涂层、喷漆、黏结、封装、特种搬运、装配等工作。

2.1.2 机械本体的组成及功能

机械本体是工业机器人为完成各种运动的机械部件，由骨骼（杆件）和连接它们的关节（运动副）构成，具有多个自由度，主要包括腕部、臂部、肘部和腰部等部件。如图 2-7 所示。

1. 腕部结构

工业机器人的腕部是连接手部（末端执行器）和小臂的部件，起安装和支承焊枪、喷枪、电钻、螺钉（母）拧紧器等专用工具的作用。焊接机器人一般需要具有六个自由度（六轴）才能使手部（末端执行器）达到目标位置和处于期望的姿态。腕部的三个自由度（J4/J5/J6）主要用于实现所期望的姿态，为使手部能处于空间任意位置，要求腕部能够实现对空间的三个坐标轴的转动，即具有翻转、俯仰和偏转功能。通常把腕部的翻转称为 Roll，用 R 表示；手腕的俯仰叫做 Pitch，用 P 表示；手腕的偏转为 Yaw，用 Y 表示，三自由度的工业机器人腕部可以同时实现 RPY 运动。如图 2-8 所示。

手腕在空间可具有三个自由度，也可以具备以下单一功能。机器人翻转关节（R 关节）的轴线与手臂的纵轴线共线，翻（回）转角度不受结构限制，可以回转 360° 以上。俯仰关节（P 关节）的轴线与小臂和手部（末端执行器）的轴线相互垂直，转动角度由于受到结构的限制，通常小于 360°。偏转关节（Y 关节）轴线与小臂及手部的轴线在另一个方向上相

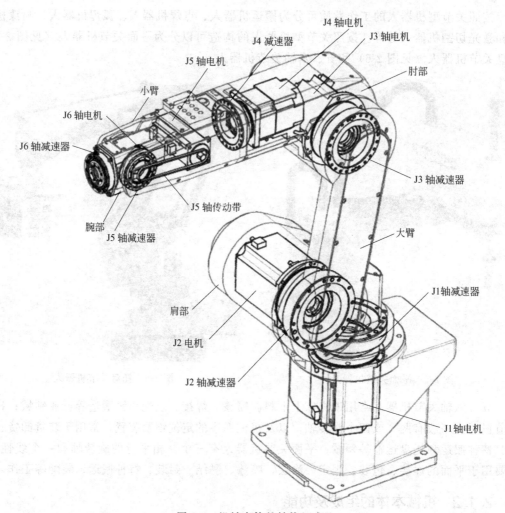

J4 轴电机
J3 轴电机
J5 轴电机
肘部
小臂
J6 轴电机
J6 轴减速器
J3 轴减速器
腕部
J5 轴传动带
J5 轴减速器
大臂
J1 轴减速器
肩部
J2 电机
J2 轴减速器
J1 轴电机

图 2-7　机械本体的结构组成

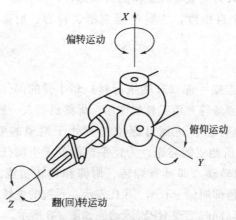

偏转运动

俯仰运动

翻(回)转运动

图 2-8　腕部结构及运动

互垂直，转动角度同样受到结构的限制而小于 360°。

　　腕部按驱动方式可分成直接驱动手腕和远距离传动手腕。直接驱动手腕的驱动源直接安装在手腕上，制造关键是能否设计和加工出尺寸小、重量轻、驱动扭矩大、驱动性能好的驱动装置，常用谐波减速器。为了保证具有足够大的驱动力，而驱动装置又不能做得足够小，同时又要减轻手腕的重量，通常采用 RV 减速器远距离驱动方式，实现三个自由度的运动。

谐波减速器是利用行星齿轮传动原理发展起来的一种新型减速器，它依靠柔性零件产生弹性机械波来传递动力和运动，是关节型机器人广泛使用的核心部件。如图 2-9 所示。

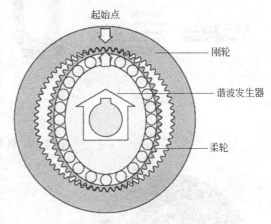

(a) 谐波减速器实物　　　　　　　　　　(b) 谐波传动原理图

图 2-9　谐波减速器

谐波减速器主要由带有内齿圈的刚轮（相当于行星系中的中心轮）、带有外齿圈的柔轮（相当于行星齿轮）和谐波发生器（相当于行星架）三个零件组成。作为减速器使用时，一般采用谐波发生器输入、刚轮固定、柔轮输出的传动形式。谐波发生器装有滚动轴承构成滚轮，与柔轮内壁相互压紧。柔轮为可产生较大弹性变形的薄壁齿轮，其内孔直径略小于谐波发生器的总长。谐波发生器是使柔轮产生可控弹性变形的构件。当谐波发生器装入柔轮后，迫使柔轮的剖面由原先的圆形变成椭圆形，其长轴两端附近的齿与刚轮上的齿完全啮合，而短轴两端附近的齿和刚轮上的齿完全脱开。圆周上其他区段的齿处于啮合和脱离的过渡状态。当谐波发生器沿一个方向连续转动时，柔轮的变形不断改变，使柔轮与刚轮的啮合状态也不断改变，由啮入、啮合、啮出、脱开、再啮入…，周而复始地进行，从而实现柔轮相对刚轮产生与谐波发生器旋转方向相反的缓慢旋转。

2. 肘部结构

机器人肘部是连接小臂和大臂之间的连接和运动部件，主要功能是调整腕部的姿态和方位。如图 2-10 所示。

机器人肘部通常使用 RV 减速器（见图 2-11），它是在少齿差的行星传动机构——摆线针轮行星齿轮传动基础上发展出来的一种全新的传动方式，具有体积小、重量轻、传动比范围大、寿命长、精度保持稳定、效率高、传动平稳等一系列优点。RV 减速器相比于谐波减速器具有更高的刚度和回转精度，在关节型机器人中，一般将 RV 减速器放置在机座、大臂、肩部等重负载的位置；而将谐波减速器放置在小臂、腕部或手部。

RV 减速器比谐波传动具有高得多的疲劳强度、刚度和寿命，而且运动精度稳定，不像谐波传动会随着使用时间增长运动精度显著降低。因此，世界上高精度机器人传动多采用

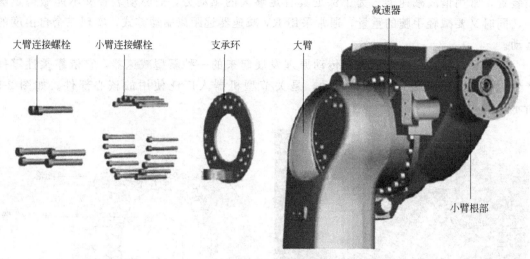

图 2-10　机器人肘部结构

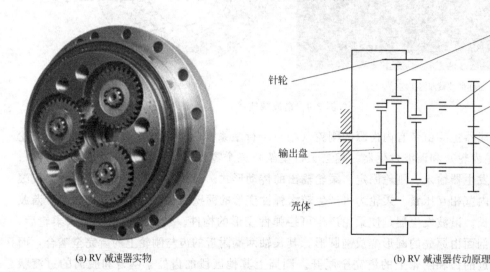

(a) RV 减速器实物　　　　　　　　　　　　　(b) RV 减速器传动原理

图 2-11　RV 减速器

RV 减速器，在先进机器人传动中有逐渐取代谐波减速器的趋势。

3. 肩部结构

肩部是大臂与基座相连接的转动关节，可以带动大臂、小臂、手腕和工件的上下转动，幅度较大，驱动力矩大，刚度和运动精度的要求高。肩部结构与肘部结构基本相同，其关键传动部件也是采用 RV 减速器。

有些资料也把肩关节、大臂、肘关节和小臂等统称为臂部，两者的区别在于肩部结构特指动力关节，而臂部则包括了连接件和驱动部件。主要用以承受工件或工具的负荷，改变工件或工具的空间位置，并将它们移动到程序指定的位置。

4. 腰部机座

机器人腰部包括机座和腰关节，机座是承受机器人全部重量的基础件，必须有足够的强度和刚度，一般为铸铁或铸钢制造，如图 2-12 所示。结构尺寸应保证机器人运行时的稳定，并满足驱动装置及电缆的安装需要。腰关节是负载最大的运动轴，要求结构简单、安装调整

腰身

减速器

腰身与减速器固定螺栓

固定挡块

机座与减速器固定螺栓

随动挡板

机座

图 2-12　机器人腰部机座

方便，可以承受径向力、轴向力和倾翻力矩。

2.2　焊接机器人控制系统的硬件组成

工业机器人的控制系统相当于机器人的大脑，可以直接或者通过人工对机器人的动作进行控制。机器人控制系统种类很多，从结构上可以分为单片机机器人控制系统、PLC 机器人控制系统、基于 IPC＋运动控制器的机器人系统控制系统。

以单片机为核心的机器人控制系统把单片机（MCU）嵌入到运动控制器中，能够独立运行并且带有通用接口，方便与其他设备通信。单片机在单一芯片上集成了中央处理器、动态存储器、只读存储器、输入输出接口等，利用它设计的运动控制器电路原理简洁、运行性能良好、系统的成本低。

PLC（可编程控制器）是一种用于自动化实时控制的数位逻辑控制器，是自动控制技术与计算机技术结合而成的自动化控制产品，广泛应用于工业控制各个领域。以 PLC 为核心的机器人控制系统技术成熟、编程方便，在可靠性、扩展性、对环境的适应性方面有明显优势，并且有体积小、方便安装维护、互换性强等优点。市面上有整套的商业化技术方案可供参考，开发周期大为缩短。

以 PLC 或以单片机为核心的机器人控制系统均不支持先进的复杂算法，不能进行复杂的数据处理，虽然在一般环境条件下可靠性好，但在高频环境下运行不稳定，不能满足机器人系统的多轴联动等复杂的运动轨迹控制。

基于 IPC＋运动控制器是机器人控制系统应用主流和发展趋势，软件开发成本低，系统兼容性好，系统可靠性强，计算能力优势明显。基于 IPC＋运动控制器的机器人控制系统，以工业计算机为平台，采用嵌入式实时操作系统，为动态控制算法和复杂轨迹规划提供了硬件方面的保障。下面阐述均以此类控制系统为例展开。

2.2.1 工业机器人控制系统基本功能

为了保证机器人能够自动完成规定的工作，应具备以下基本功能。

① 记忆功能：存储作业顺序、运动路径、运动方式、运动速度，以及工艺参数等信息。

② 示教功能：可通过离线编程、在线示教和间接示教等方式完成机器人操作控制。

③ 与外围设备联系功能：应当具有 I/O 接口、通信接口、网络接口、同步接口等。

④ 坐标设置功能：坐标是机器人工作的设定，有关节、全局、工具和用户自定义四种坐标系。

⑤ 人机交互功能：用户和机器人之间交流与互动操作，可通过示教盒、操作面板、显示屏完成。

⑥ 传感器信号接收处理功能：接受外部位置、图像、碰触、受力（扭矩）等信号。

⑦ 位置伺服功能：实现机器人多轴联动、运动控制、速度和加速度控制、动态补偿等。

⑧ 故障诊断安全保护功能：运行时系统状态监视、故障状态下的安全保护和故障自诊断。

示教功能和坐标设置功能是操作和控制工业机器人的基础，也是工业机器人特有的功能，下面重点阐述这两方面的内容，其他功能与计算机技术、自动控制技术基本相同，请读者自行阅读和学习相关学科资料。

1. 机器人的示教

机器人示教是操作控制机器人的一种编程方法，初学者需要重点掌握的是在线示教。在线示教是一种可重复再现通过示教编程存储起来的作业程序，控制机器人按预设轨迹运行的方法，有导引示教和示教盒示教两种形式。由人工操作导引机械模拟装置或用示教盒，引导机器人末端执行器（安装在机器人连接法兰上的工具、焊枪、喷枪等）完成预期的动作，机器人完成特定预期作业的一组运动及辅助功能指令时，控制系统自动将这些指令存储在机器人内存中，机器人可以凭记忆功能自动再现人工示教的操作。

示教盒是一种与控制系统相连接的手持装置，用以对机器人进行编程或使之运动，图2-13 为 KUKA 机器人示教盒。不同品牌的工业机器人的按钮不同，但基本可以分为以下几个部分。

① 状态键：包括控制示教盒打开和关闭的启动开关、电源接通和断开的钥匙开关和处理紧急事项的急停按钮。

② 3D 鼠标：用于各轴的手动连续移动操作。

③ 移动键：一共有六组按键，分别控制 J1～J6 轴的正向和反向移动。

④ 倍率开关：分为程序倍率和手动倍率，通过设置不同的倍率，可以加快或降低机器人的运行速度。

⑤ 主菜单：用于调取编程指令。

⑥ 工艺键：用于输入诸如焊接电流、电压等工艺参数。

⑦ 程序启动键：在示教程序编写完成，启动该程序使之控制机器人空运行。

⑧ 逆向启动键：使程序从最后向前运行。

⑨ 停止键：可以使运行中的程序停止。

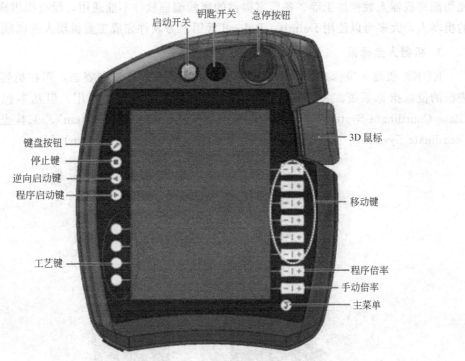

启动开关　钥匙开关　急停按钮

键盘按钮
停止键
逆向启动键
程序启动键

工艺键

3D 鼠标

移动键

程序倍率
手动倍率
主菜单

图 2-13　KUKA 机器人示教盒

⑩ 键盘按钮：调出键盘，输入相关的符号和数字。

2. 机器人离线编程

在线示教是初学者掌握机器人基本操作的重要途径，但在实际生产应用中存在以下缺点：

① 机器人在线示教编程的过程繁琐、效率低；

② 示教的精度完全靠示教者的经验目测决定，对于复杂路径难以取得令人满意的效果；

③ 对于一些需要根据外部信息进行实时决策的应用无法实现。

机器人离线编程是利用计算机图形学的成果建立起机器人及其工作环境的几何模型，再利用规划算法完成对图形的控制和操作，在离线的情况下完成轨迹规划；然后对编程结果进行三维动画仿真，检验编程的正确性；最后将生成的代码传给机器人控制系统，以控制机器人运动，从而完成给定任务。机器人离线编程可以很好地建立机器人与 CAD/CAM 系统之间的联系，从而实现智能制造。

离线编程与在线示教编程相比，具有如下优势：

① 减少机器人待机时间，在对下一个任务进行编程时，机器人可仍在生产线上工作；

② 使编程者远离危险的工作环境，改善了编程环境；

③ 离线编程系统使用范围广，可以对各种机器人进行编程，并能方便地实现优化编程；

④ 便于实现 CAD/CAM/ROBOTICS 一体化；

⑤ 可使用高级计算机编程语言对复杂任务进行编程；

⑥ 便于修改机器人程序。

品牌机器人如 ABB、FANUC、KUKA、Motoman、Staubli 等都有自己的编程模拟软件，可以规划示教不能完成的复杂运动轨迹，并能输出 G 代码，实现复杂的工业机器人激光切割和机器人数控加工等。各厂家提供的离线编程软件不能通用，没有提供离线编程软件的机器人，大多可以使用 Delmia、Robcad 等第三方软件完成工业机器人的离线编程。

3. 机器人坐标系

KUKA 机器人坐标系（图 2-14）是为确定机器人的位置和姿态，而在机器人或空间上进行的位置指标系统。各种不同的机器人的坐标系名称有所不用，但基本包括基坐标系（Base Coordinate System）、全局坐标系（World Coordinate System）、工具坐标系（Tool Coordinate System）、工件坐标系（Work Object Coordinate System）等。

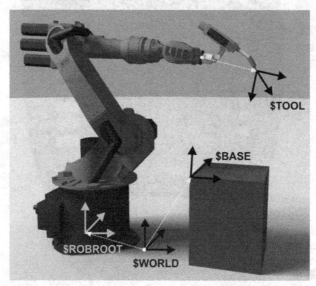

图 2-14　KUKA 机器人坐标系

机器人工具坐标系以工具中心点 TCP 为原点，配以坐标方位构成。在机器人联动运行时，必须标定 TCP。机器人做姿态运动时，机器人 TCP 位置不变，工具沿坐标轴转动，改变姿态。工具做线性运动时，机器人姿态不变，机器人 TCP 沿坐标轴线性移动。

机器人工件坐标系以工件原点为坐标原点，配以坐标方位构成。机器人程序支持多个工件坐标系（Wobj)，可以根据当前工作状态进行变换。外部夹具被更换后，只需要重新定义 Wobj，可以不更改程序而直接运行。通过重新定义 Wobj，可以简便地完成一个程序适合多台机器人。

坐标系的设置必须是原点为基础，初学者应当理解 TCP 的概念及标定方法，相关操作和标定方法与机器人品牌相关，不同品牌的机器人操作方法不同，将在以后的章节中详细讲解。

2.2.2　工业机器人控制系统分类

工业机器人的控制就是示教→计算→驱动→反馈的过程。

示教就是通过计算机给机器人下达作业指令，而这个指令实质上是由人发出，并通过人机交互接口输入到机器人控制系统中去的。

计算是由控制系统中的计算机来完成的，它根据示教信息形成一个控制策略，然后再根据这个策略（轨迹规划）细化成机器人的每个运动轴的伺服运动的控制策略。另外，计算机还承担整个机器人系统的管理工作，采集并处理各种信息，是工业机器人控制系统的核心。

伺服驱动就是通过机器人控制器的不同控制算法，将机器人控制策略转化成驱动信号，控制伺服电动机的运动，从而实现机器人的高速、高精度运动来完成给定的作业。

反馈就是机器人的传感器将机器人完成作业过程中的运动状态、位置、姿态实时地反馈给控制计算机，使计算机实时监控整个机器人系统的运行情况，及时做出各种决策。

机器人控制系统有多种分类方法，按运动控制方式可以分为程序控制系统、自适应控制系统和智能控制系统。

① 程序控制系统：大多数商品工业机器人采用这种控制系统，可用于搬运、装配、点焊等机器人的点位控制，弧焊、喷涂、火焰或激光切割等机器人的轮廓控制。

② 自适应控制系统：自适应能够根据外界条件变化，为保证达到所要求的品质，或随着工作经验的积累而自行改善控制品质，不断地改进及修改原有的控制程序。自适应控制的外界环境变化是由传感器来感知获取的，通过比较操作机的状态和伺服误差，调整非线性模型的参数，直到误差消失为止。这种系统的结构和参数能够随时间和条件自动改变，有很复杂的计算方法，高精度和高速度的运算处理。

③ 人工智能控制系统：人工智能是计算机科学的一个分支，能够以与人类智能相似的方式做出反应的智能控制系统。

2.2.3　工业机器人控制系统结构

工业机器人控制系统的核心是计算机，有集中控制、主从控制和分布控制三种形式。

1. 集中控制系统

所谓集中控制就是用一台计算机实现机器人的全部控制功能，早期机器人常采用这种结构。

基于 PC 的集中控制系统充分利用了 PC 资源开放性的特点，可以实现很好的开放性，多种控制卡、传感器等设备都可以通过标准的 PCI 插槽或通过标准串口、并口集成到控制系统中。

集中控制系统具有硬件成本较低、便于信息的采集和分析、易于实现系统最优控制，以及整体性与协调性较好等优点，基于 PC 的集中控制系统的硬件扩展较为方便。但这种系统灵活性差、控制危险容易集中，一旦出现故障，影响面广、后果严重。

由于工业机器人的实时性要求很高，当计算机进行大量数据计算时，会降低系统实时性；系统对多任务的响应能力与系统的实时性相冲突；系统连线复杂，降低了系统的可靠性。

2. 主从控制系统

由于机器人功能越来越多，控制的精度越来越高，集中控制已很难满足这些要求，所以就出现了主从控制和分布控制。在主从控制系统中，通常采用主、从两级处理器实现系统的全部控制功能。主 CPU 负责系统管理、坐标变换、轨迹生成和系统自诊断等功能，而从 CPU 负责所有关节的动作控制。主从控制系统的实时性较好，适于高精度、高速度控制，但其系统扩展性较差，维修困难。

3. 分布控制系统

分布控制将系统分成几个模块，每一个模块各有不同的控制任务和控制策略，各模式之间可以是主从关系，也可以是平行关系。这种方式实时性好，易于实现高速、高精度控制，易于扩展，可实现智能控制，是目前流行的方式。

分布控制的核心思想是"分散控制，集中管理"，即系统对其总体目标和任务可以进行综合协调和分配，并通过子系统的协同工作来完成控制任务。整个控制系统在功能、逻辑和物理等方面都是分散的，所以又称为集散控制系统或分散控制系统。这种结构中，子系统是由控制器和不同被控对象或设备构成的，各个子系统之间通过网络等相互通信。

分布系统中常采用两级控制方式，通常由上位机、下位机和网络组成。上位机可以进行不同的轨迹规划和控制算法，下位机进行插补细分、控制优化等工作。上位机和下位机通过通信总线协调工作，有 RS-232、RS-485、EEE-488 以及 USB 总线等形式。当前，以太网和现场总线技术的发展为机器人提供了更快速、稳定、有效的通信服务。现场总线可应用于生产现场，在微机化测量控制设备之间实现双向多结点数字通信，从而形成了新型的网络集成式全分布控制系统——现场总线控制 FCS（Filedbus Control System）系统。

分布控制系统具有灵活性好、危险性降低等优点，由于采用多处理器的分散控制，有利于系统功能的并行执行，提高系统的处理效率，缩短响应时间。

对于多自由度的工业机器人，集中控制对各个控制轴之间的耦合关系可以处理得很好，很简单的进行补偿。但是，当轴的数量增加到使控制算法变得很复杂时，其控制性能会恶化。如果系统中轴的数量很多或控制算法变得很复杂时，可能会导致系统的重新设计。分布结构的每一个运动轴都由一个控制器处理，系统有较少的轴间耦合和较高的系统重构性。

2.2.4 控制系统的硬件组成

各品牌的工业机器人的控制系统硬件组成基本相同，主要有下列设备。

① **计算机**：控制系统的调度指挥元件，一般采用 32 位、64 位微型机，如图 2-15 所示。

② **机器人控制柜**：如图 2-16 所示。

③ **示教盒**：示教机器人的工作轨迹和参数设定，以及所有人机交互操作，拥有自己独立的 CPU 以及存储单元，与主计算机之间以串行通信方式实现信息交互，如图 2-15 所示。

图 2-15 ABB 控制计算机和示教盒

图 2-16 FANUC 机器人控制柜

④ **操作面板**：由各种操作按键、状态指示灯组成，通常只用于基本功能操作。

⑤ **数字和模拟量输入输出接口**：用于各种状态和控制信号的输入或输出。

⑥ **传感器接口**：用于自动检测，实现柔顺控制的力觉、触觉和视觉等传感器的接口。

⑦ **轴控制器**：用于机器人各关节位置、速度和加速度控制，如图 2-17 所示。

⑧ **辅助设备控制**：用于和机器人配合的辅助设备控制。

图 2-17 轴控制器

⑨ **通信接口**：实现机器人和其他设备的信息交换，有串行接口、并行接口等。

⑩ **网络接口**：包括以太网（Ethernet）接口和总线（Fieldbus）接口。以太网接口通过以太网实现数台或单台机器人的直接 PC 通信，数据传输速率高达 10Mbit/s，可直接在 PC 上用 windows 库函数进行应用程序编程之后，支持 TCP/IP 通信协议，通过 Ethernet 接口将数据及程序装入各个机器人控制器中。总线接口支持多种流行的现场总线规格，如 Devi-cenet、ABRemoteI/O、Interbus-s、profibus-DP、M-NET 等。

2.3　FANUC 机器人基本操作及编程

2.3.1　FANUC 机器人示教器

1. 示教器的结构及面板按键

FANUC 机器人的示教器（简称 TP）（如图 2-18 所示）具有移动机器人、编写机器人程序、试运行程序、生产运行、查看机器人状态（I/O 设置、位置信息等）和手动运行等功能，主要由液晶屏、操作键、急停按钮和使能键等组成。

FANUC 新版示教器各操作键（见图 2-19）的作用和功能介绍如下。

（1）屏幕操作类按键

① **F1～F5**：功能键。

② **SHIFT**：与其他键一起执行特定功能。

③ **PREV**：显示上一屏幕。

④ **FCTN**：显示附加菜单。

⑤ **DISP**：分屏显示。

⑥ **NEXT**：功能切换键。

⑦ **STEP**：在单步执行和循环执行两种方式之间切换。

⑧ **RESET**：消除警告。

⑨ **DIAG/HELP**：只存在 iPendant，显示帮助和诊断。

（2）程序编辑类按键

① **SELECT**：列出和创建程序。

② **Edit**：编辑和执行程序。

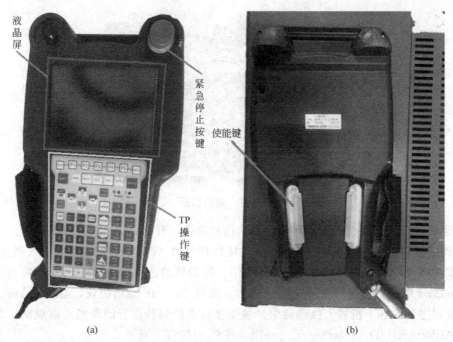

图 2-18　FANUC 机器人示教器

图 2-19　FANUC 新版示教器的操作键

③ **Data**：显示各寄存器内容。

④ **MENU**：显示屏幕菜单。

⑤ **Cursor**：光标移动键。

⑥ **BACK SPACE**：退格键，清除光标之前的字符或数字。

⑦ **ITEM key**：选项键，用于操作者选择相应的程序选项。

⑧ **ENTER**：回车键。

（3）机器人运行控制类按键

① **HOID**：暂停机器人运动。

② **FWD**：从前至后运行程序。

③ **ENTER**：输入数值或从菜单中选择某个项。

④ **BWD**：从后向前地运行程序。

⑤ **COORD**：选择手动操作坐标系。

⑥ **SPEED**：加快或减慢速度。

（4）用户键和运动控制键

用户键中包括焊接使能键 WELD ENBL，焊丝控制键 WIRE，接口键 I/O 等，如图 2-20 所示。机器人运动控制键包括了从 J1～J6 轴的正反向运动控制按钮，如图 2-21 所示。

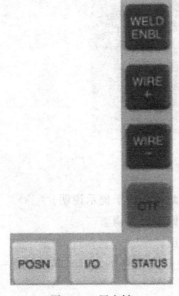

图 2-20　用户键

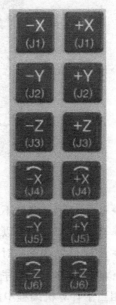

图 2-21　机器人运动控制键

2. 菜单介绍

（1）主菜单

按下操作键中的主菜单中显示屏幕菜单（MENU）键，液晶屏显示如图 2-22 所示的主菜单，包括共用程序/功能、测试运转、手动操作功能、异常履历、设定输出·入信号、设定、文件和使用者设定画面等下拉菜单。

有些菜单后面还跟随黑色三角形，表示有下一级菜单，上下移动光标到这些菜单条时，将显示下一级菜单，如文件菜单。有文件、文件存储和自动备份三个选项，可以完成文件的选择、存储和备份等操作。

（2）共用程序/功能菜单

图 2-22　主菜单

本菜单是机器人编程操作时共用的程序或功能，如图 2-23 所示。

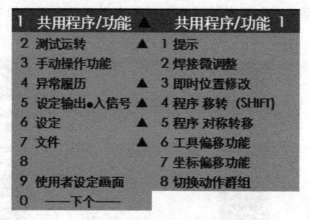

图 2-23　共用程序/功能菜单

➢ 提示：用户遇到不熟悉的操作指令时，可以使用此功能给予提示说明。

➢ 焊接微调整：可以对示教运行后发现的微小焊接偏差进行调整。

➢ 即时位置修正：对进行有误差的位置进行即时修正。

➢ 程序转移：在程序运行到某一特定的指令时，中断本程序的运行，转移到另一程序中。相当于计算机编程中的程序调用。

➢ 程序对称转移：对称焊接结构的一边完成焊接后，可以利用此功能完成对称边的焊接。

➢ 工具偏移功能：固定在 J6 轴连接法兰上的工具、夹爪、焊枪等末端执行器在使用过程中发生了位置偏移，可以用此功能进行修正；或者焊接一系列平移焊缝时，可以只进行工具偏移而不必编写新的程序。

➢ 坐标偏移功能：即对设定的坐标位置进行偏移。

➢ 切换动作群组：对控制机器人的动作指令进行成组的切换。

（3）测试运转菜单

本组菜单用于焊接示教程序的试运行，有电弧焊接和焊接设置两个选项，如图 2-24 所示。选择电弧焊接即启动焊接运行；选择设置可以完善焊接参数的设定。

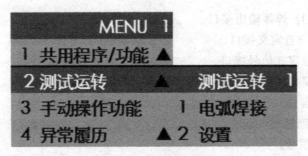

图 2-24 测试运转菜单

（4）异常履历菜单

本组菜单包括异常情况记录和其他一些事项的记录，用户可以选择相应的菜单进行查看，如图 2-25 所示。

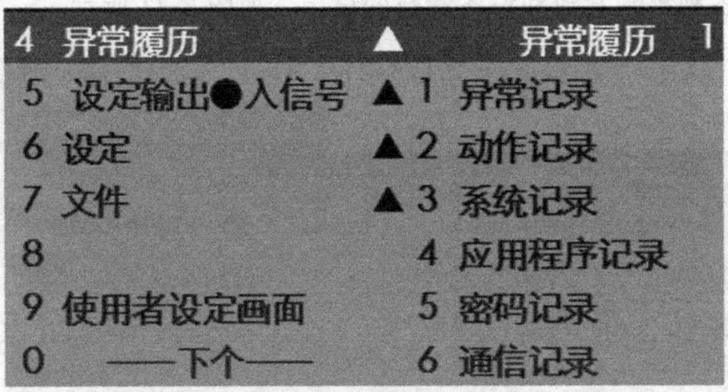

图 2-25 异常履历菜单

（5）设定输出/输入信号菜单

本组菜单用于外部设备的输入输出接口，以及控制信号接口的设定，如图 2-26 所示。

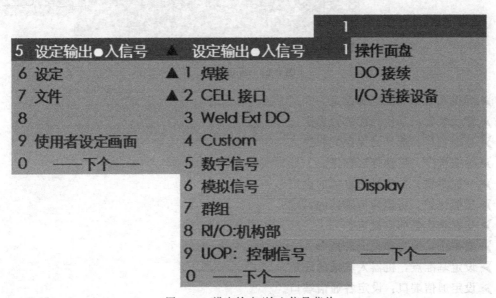

图 2-26 设定输出/输入信号菜单

➢ 焊接：焊接电源参数输入。

➢ CELL 接口：通信单元信号。

> Weld Ext DO：焊接输出接口。

> Custom：用户自定义接口。

> 数字信号：数字式信号接口。

> 模拟信号：模拟信号接口。

> 群组：成组信号。

> RI/O：机构部件接口。

> UOP：控制信号。

> 操作面盘：示教器接口。

> DO 接续：扩展输出口。

> I/O 连接设备：扩展设备输入输出口。

（6）设定菜单

本组菜单用于各种控制参数和设备参数的设定，如图 2-27 所示。

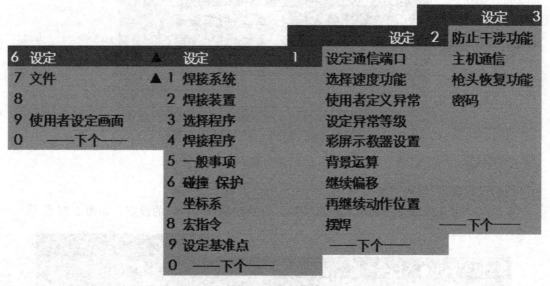

图 2-27　设定菜单

> 焊接系统：焊接电源设定。

> 焊接装置：其他焊接装置设定。

> 选择程序：选择已保存的程序。

> 焊接程序：启动焊接程序。

> 一般事项：常规运行事项的设定。

> 碰撞保护：防碰撞传感器的设定。

> 坐标系：坐标系设定。

> 宏指令：编写和设定宏指令。

> 设定基准点：机器人基准的设定。

> 设定通信端口：设定各通信端口。

> 选择速度功能：设定机器人运行速度。

> 使用者定义异常：自定义异常情况。

> 设定异常等级：定义异常情况等级。

> 彩屏示教器设置：对示教器进行相关设置。
> 背景运算：后台运算功能。
> 继续偏移：按上一偏移参数再偏移。
> 再继续动作位置：暂停、中断或急停后重新动作的启动位置。
> 摆焊：焊接摆动方式设置。
> 防止干涉功能：自动防止机器人运行时的干涉情况发生。
> 主机通信：主机内部的通信。
> 枪头恢复功能：恢复焊枪头的原来位置。
> 密码：设置启动密码。

2.3.2　FANUC 机器人坐标系设置

1. 工业机器人坐标系

坐标系是为确定工业机器人的位置和姿态而在工业机器人或作业空间上进行定义的位置指标系统。

（1）关节坐标系

关节坐标系是设定在工业机器人关节中的坐标系，如图 2-28 所示。关节坐标系中工业机器人的位置和姿态，以各关节底座侧的关节坐标系为基准而确定。

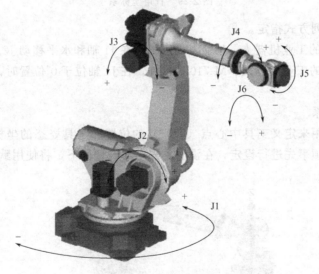

图 2-28　关节坐标系

（2）直角坐标系

直角坐标系中的工业机器人的位置和姿态，通过根据作业空间上的直角坐标系原点到工具的直角坐标系原点（工具中心点）的坐标值 x、y、z，以及工作空间上的直角坐标系的 X 轴、Y 轴、Z 轴与工具的直角坐标系的回转角 w、p、r 来定义。如图 2-29 所示。

（3）世界坐标系

世界坐标系是由工业机器人事先确定，被固定在作业空间上指定位置的标准直角坐标系，如图 2-30 所示。用户自定义坐标系基于该坐标系进行设定。世界坐标系用于位置数据的示教和执行，FANUC 工业机器人的 R 系列/M 系列/ARC Mate/LR Mate 的世界坐标系

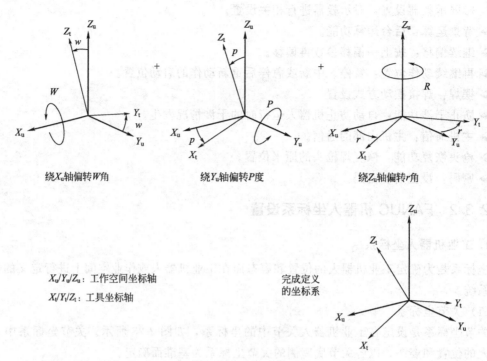

绕X_u轴偏转W角　　　　绕Y_u轴偏转P度　　　　绕Z_u轴偏转r角

$X_u/Y_u/Z_u$：工作空间坐标轴

$X_t/Y_t/Z_t$：工具坐标轴

完成定义
的坐标系

图 2-29　直角坐标系

原点位置大致按下列方式指定。

➤ 除顶部吊装的工业机器人、M-710iC 以外，在 J1 轴和水平移动 J2 轴时交叉的位置。

➤ 除顶部吊装的工业机器人、M-710iC 以外，在 J1 轴位于 0°位置时，J1 轴上离 J4 轴最近的点。

（4）工具坐标系

工具坐标系是用来定义工具中心点（TCP）的位置和工具姿态的坐标系，如图 2-30 所示。工具坐标系必须事先进行设定，在没有事先定义的情况下，将使用默认工具坐标系。

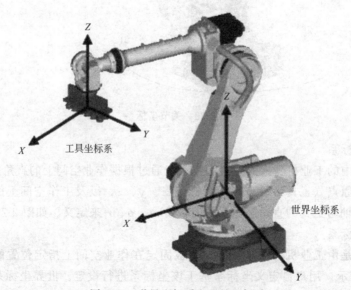

工具坐标系

世界坐标系

图 2-30　世界坐标系和工具坐标系

（5）用户坐标系

用户坐标系是用户对每个作业空间进行定义的直角坐标系。它用于位置寄存器的示教和执行、位置补偿指令的执行等。在没有定义的时候，将由世界坐标系来替代该坐标系。

2. 坐标系设置简介

（1）工具坐标系

默认工具坐标系的原点位于机器人 J6 轴的法兰上，可以根据需要把工具坐标系的原点移到工具位置和方向上，这个位置称为工具中心点 TCP（Tool Center Point）。

工具坐标系的所有测量都是相对于 TCP 进行的，用户最多可以设置 10 个工具坐标系，它被存储于系统变量 $MNUTOOLNUM。有三点法、六点法和直接输入法等设置方式。

（2）用户坐标系

可以任何位置为中心，以任何方位设置的用户坐标系。最多可以自定义设置 10 个用户坐标系，它被存储于系统变量 $MNUFRAME。同样有三点法、六点法和直接输入法等设置方式。

（3）点动坐标系

这是专门为点动控制而设置的坐标系。设置数量和设置方式与用户坐标系的设置操作相同。

3. 坐标系设置操作

缺省设定的工具坐标系的原点位于机器人 J6 轴的法兰上。根据需要把工具坐标系的原点移到工作的位置和方向上，该位置叫工具中心点 TCP（Tool CenterPoint）。

FANUC 机器人各类坐标系的设置操作方法基本相同，工具坐标系的所有测量都是相对于 TCP 的，用户最多可以设置 10 个工具坐标系。有三点法、六点法和直接输入法等方法。下面以三点法设定工具坐标系为例说明，详细操作可根据"FANUC 工具坐标系设定操作"

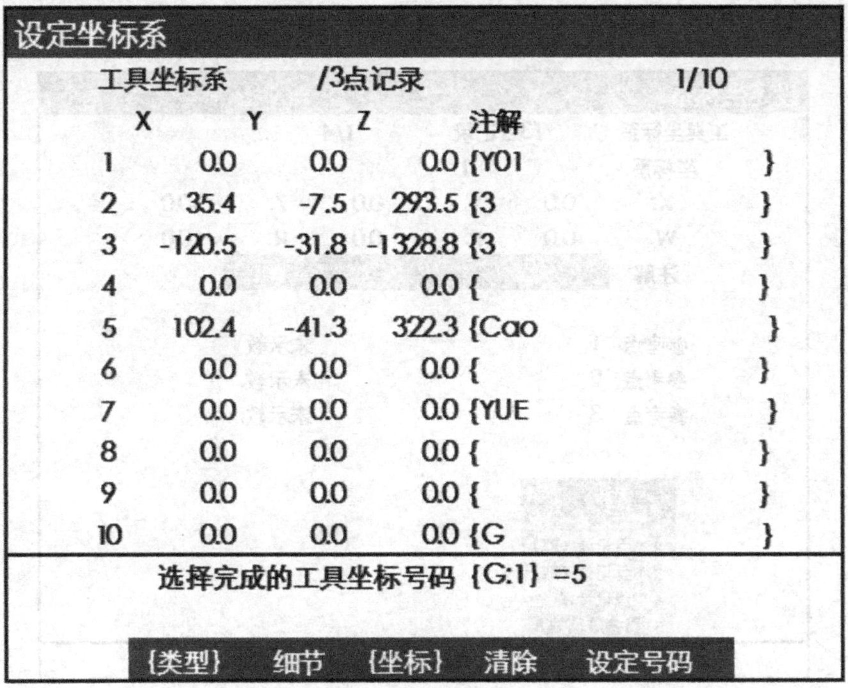

```
设定坐标系

工具坐标系      /3点记录              1/10
     X      Y       Z      注解
1    0.0    0.0     0.0  {YOI          }
2   35.4   -7.5   293.5  {3            }
3  -120.5 -31.8 -1328.8  {3            }
4    0.0    0.0     0.0  {             }
5  102.4  -41.3   322.3  {Cao          }
6    0.0    0.0     0.0  {             }
7    0.0    0.0     0.0  {YUE          }
8    0.0    0.0     0.0  {             }
9    0.0    0.0     0.0  {             }
10   0.0    0.0     0.0  {G            }

选择完成的工具坐标号码 {G:1} =5

[类型]   细节  [坐标]  清除   设定号码
```

图 2-31　坐标系界面

教学视频学习。

（1）坐标系原点设置

按下操作键盘上的菜单（MENU）键，液晶屏上显示如图2-22所示的主菜单界面；移动光标选 6-设定菜单，显示如图2-27所示的设定菜单；选择 7-坐标系，进入坐标系界面，如图2-31所示。

按功能键 F2，注解栏以高亮度显示，坐标系设置初始界面如图2-32所示；再次按功能 F2 选择方法，进入图2-33 坐标系设定方法选择界面。选择三点记录方法，按操作键 ENTER 后确定设置方法，移动光标使参考点 1 呈高亮度显示，如图2-34所示。

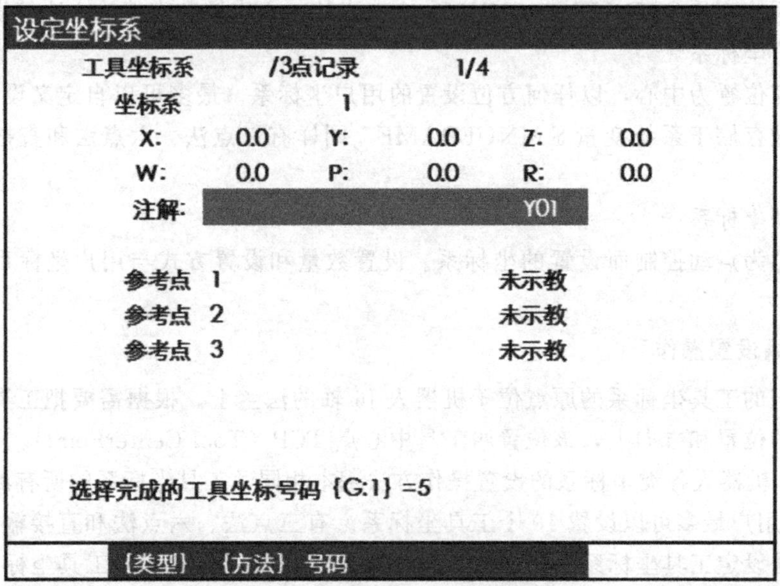

图2-32 坐标系设置初始界面

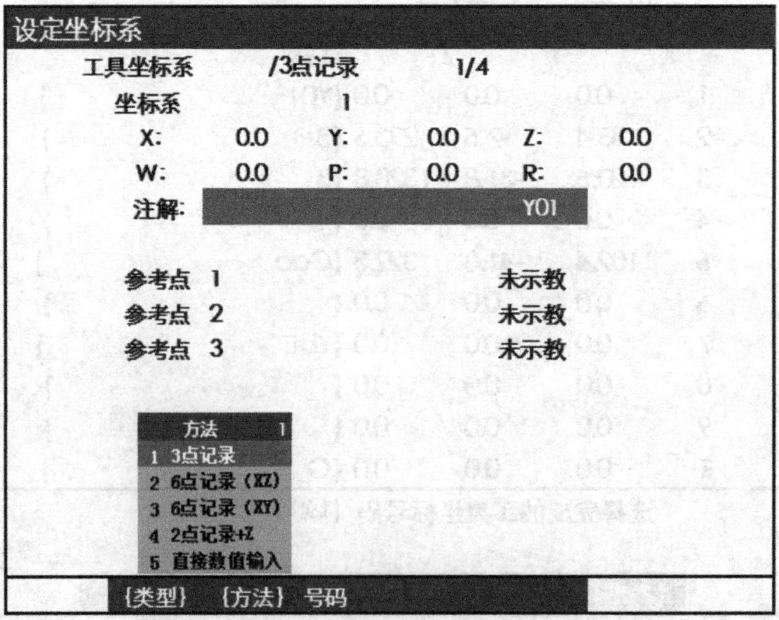

图2-33 坐标系设定方法选择界面

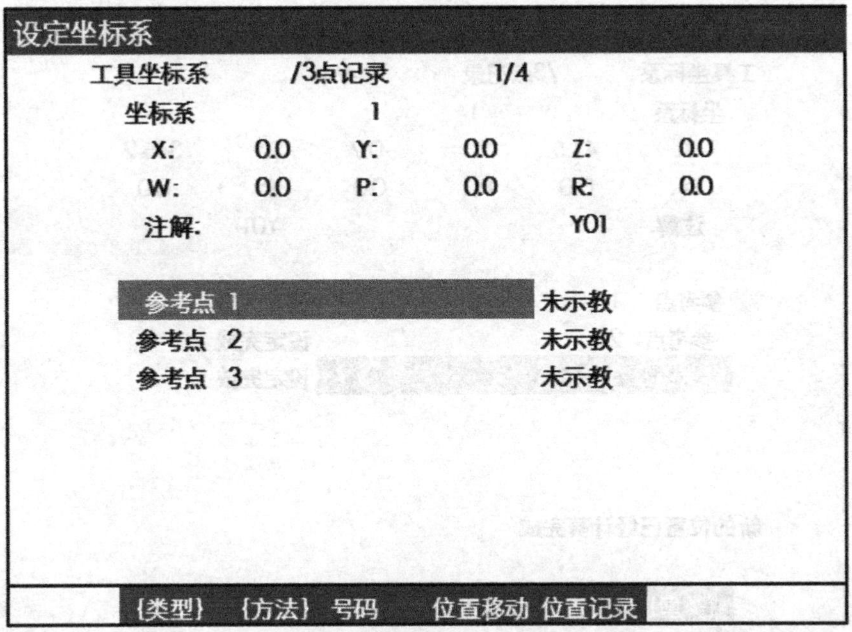

图 2-34　选定需要设置的参考点

按住示教器背面使能键（解除 DEAD MEN 开关），操作如图 2-21 所示的机器人运动控制键，移动机器人使伸出的焊丝点到达指点的位置，并使焊枪垂直于工作台，观察确认合理后按下 SHIFT＋F5 键，记录位置，参考点 1 完成设置，如图 2-35 所示。

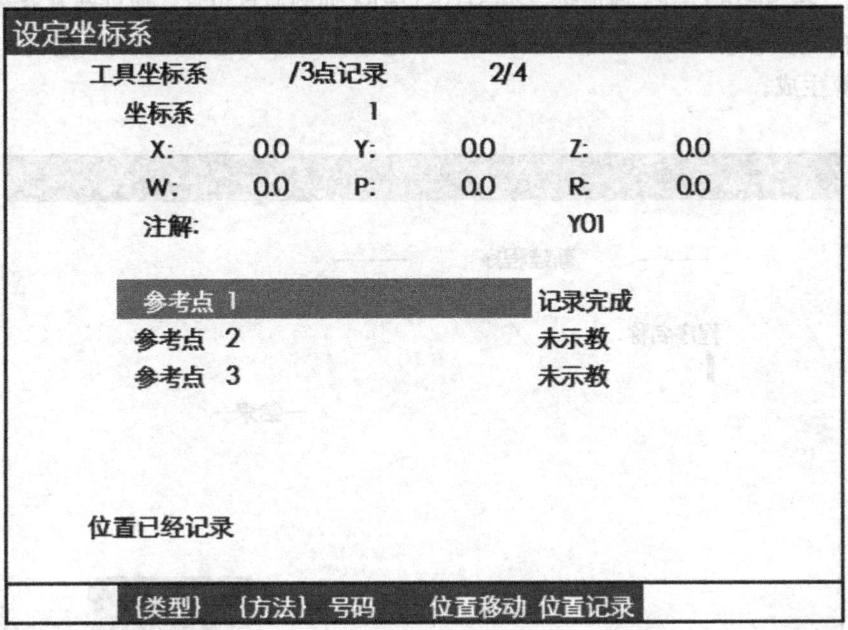

图 2-35　参考点 1 设定

重复参考点 1 操作步骤，完成参考点 2 的操作；然后移动光标至参考点，按下 SHFIT＋F4 记录坐标系原点位置；移动光标至参考点 3，按 ENTER 后移动机器人的各运动轴，完成参考点 3 的设置。3 个参考点完成设置后，界面如图 2-36 所示。工具中心点

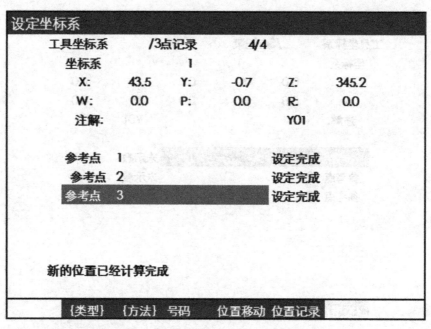

图 2-36　3 个参考点设置完成后的界面

TCP 相对于 J6 轴中心点的 X、Y、Z 的偏移量（43.5，−0.7，345.2）。

（2）坐标系方向设置

首先将机器人的坐标系切换成世界坐标系，使机器人沿着用户设定的＋X 方向至少移动 250mm，按 SHIFT＋F5 键记录；按 SHIFT＋F4 回到原点位置，使机器人沿着用户设定的＋Z 方向至少移动 250mm，按 SHIFT＋F5 记录；当所有记录完成时，新的工具坐标系被自动计算生成。

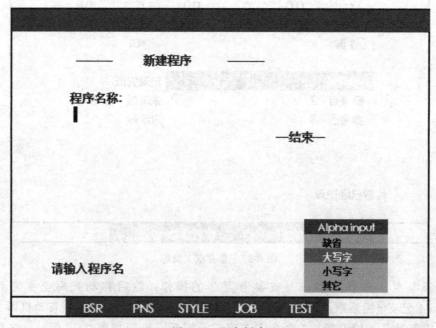

图 2-37　程序创建

2.3.3　FANUC 程序编写入门

1. 创建程序

按下操作功能键 F2，打开程序创建界面，移动光标选择程序命名方式，如图 2-37 所示。程序命名方式有默认程序名（Word）、大写程序名（Upper Case）、小写程序名（Lower Case）、符号程序名（Options）4 种。此处选择大写程序名。选定命名方式后，将光标移动到程序名称下方，再使用功能键 F1～F5 输入相关字母，即完成程序名的输入，如图 2-38 所示。详细的操作参照直线焊接操作视频。

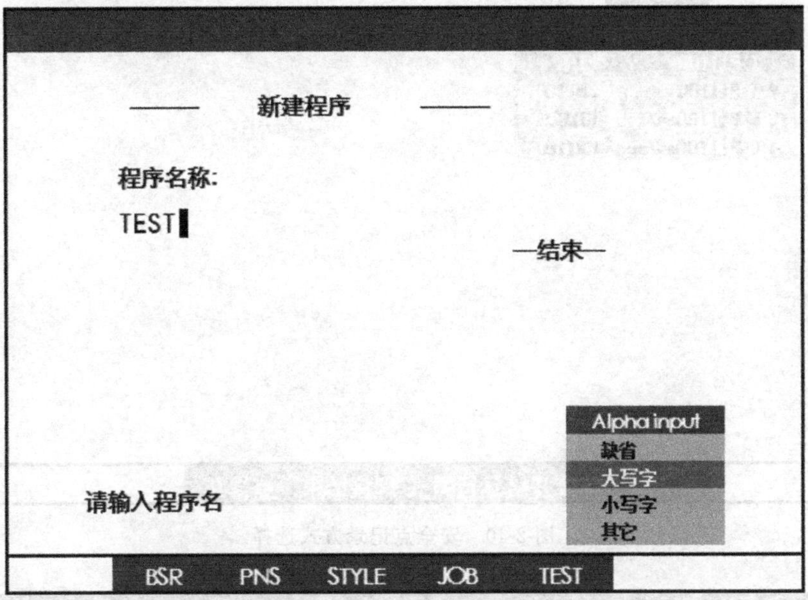

图 2-38　输入程序名

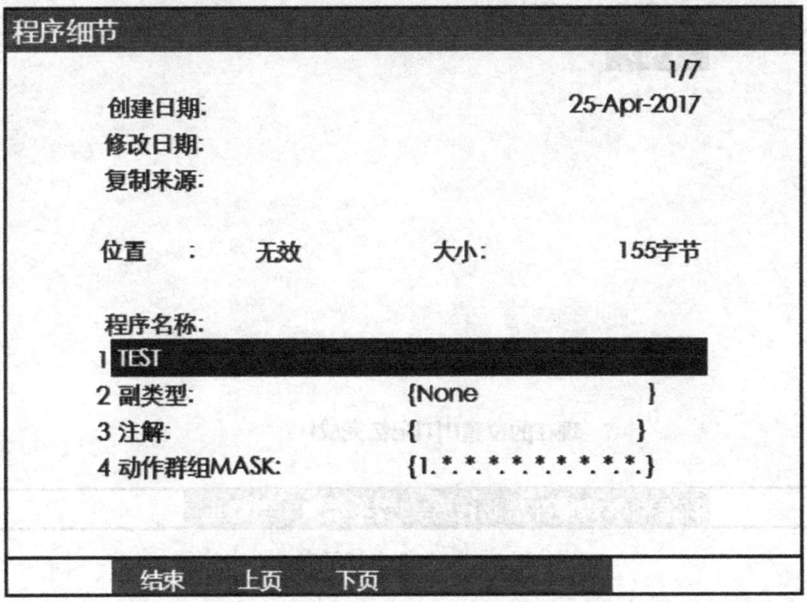

图 2-39　调出程序细节

按下功能键 F2，调出程序细节，如图 2-39 所示。选择 TEST，按 F1 进入程序编辑界面。

按下使能键（或称为解除 DEAD MEN 键），进入示教编程步骤，此时需要记录安全点（或称为原点）位置。点击 F1，进入安全点记录方式选择界面（图 2-40）。图中的各种方法均可使用，移动到选定的点，按 F5 即可完成记录，如图 2-41 所示。

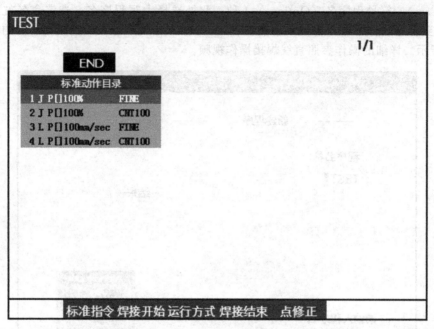

图 2-40　安全点记录方式选择

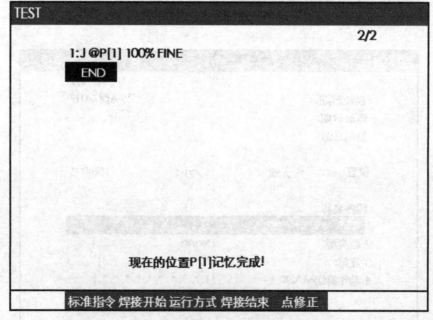

图 2-41　安全点记录完成

完成安全点记录之后，移动机器人到作业起点，按 SHIFT＋F5，记录程序起始点。直线运行可以用 3 点，移动机器人到第 2 点和第 3 点，按 SHIFT＋F5 即可保存各节点，如图 2-42 所示。

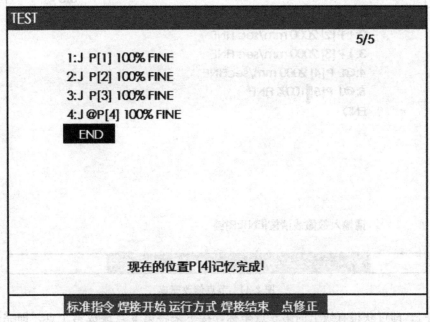

图 2-42　程序起始点和直线关键点

　　节点记录完成后，将其改成直线上的点即可完成直线的示教编程。移动光标到起始点（图中的 P［2］），按 SHIFT＋F4 键，打开图 2-43，选择 2-直线，点击 ENTER 键，即完成节点的修改。同样操作完成另两点的修改，如图 2-44 所示。

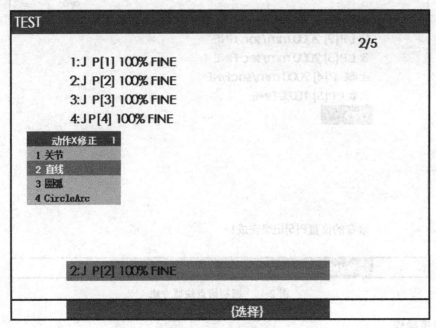

图 2-43　轨迹类型选择

　　接下来将机器人作业点移动到初始点，有多种方法，初学者可用快捷方式来操作。按下

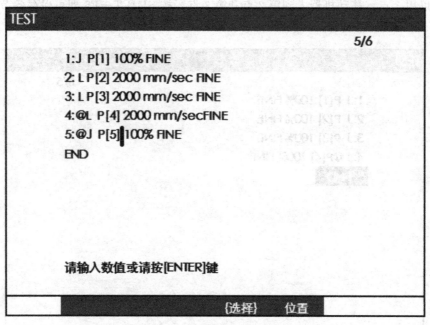

图 2-44 节点修改完成

SHIFT＋F1，即可获得直线上的第 5 点坐标，接下来将第 5 点改成第 1 点，即完成了回初始点操作。如图 2-45 所示。接下来再选择 STEP 中的单段运动方式，使机器人回到安全点（原点），就完成了直线轨迹的示教编程。

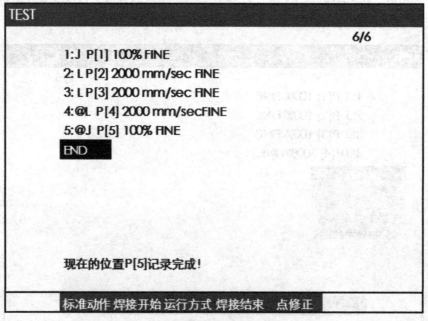

图 2-45 回初始点快捷方法

2. 程序操作

按 SELECT 键，显示如图 2-46 所示的程序目录画面，移动光标选中需要的程序，按 ENTER 键即进入程序编辑界面。将光标移动到 NEXT＞符号上，找删除（DELETE）或按

F3，将出现删除操作选项，选择 OK 即可完成删除程序操作。同理，移动到 COPY 上即可完成程序复制操作。

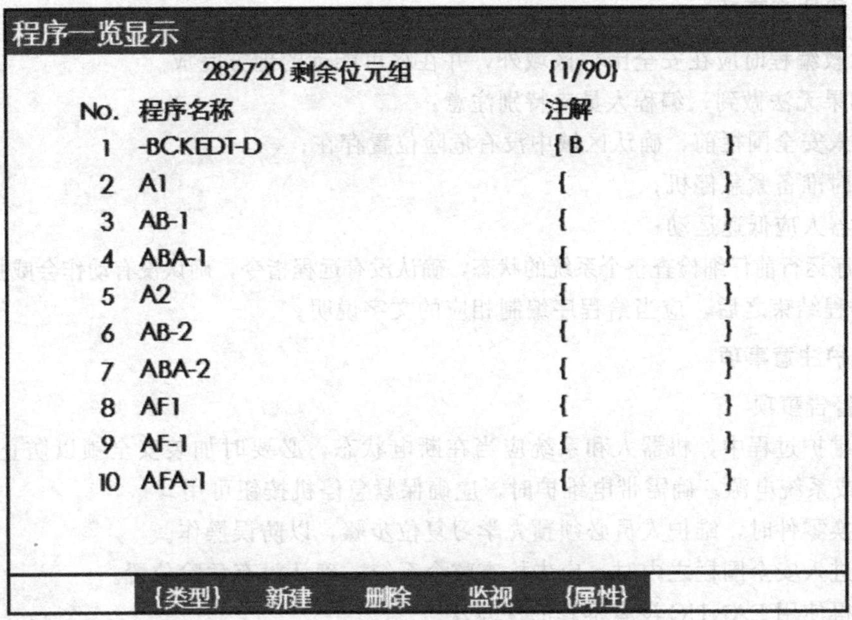

```
程序一览显示

               282720 剩余位元组          {1/90}
    No.  程序名称                      注解
     1   -BCKEDT-D                    { B        }
     2   A1                           {          }
     3   AB-1                         {          }
     4   ABA-1                        {          }
     5   A2                           {          }
     6   AB-2                         {          }
     7   ABA-2                        {          }
     8   AF1                          {          }
     9   AF-1                         {          }
    10   AFA-1                        {          }

      [类型]   新建   删除   监视   [属性]
```

图 2-46　程序目录

3. 查看程序属性

在图 2-46 中按下 DETAIL 或 F2 键，将出现程序属性画面，可以查询如下内容：

➤ 创建日期：Creation Date。

➤ 最近一次编辑时间：Modification Date。

➤ 拷贝来源：Copy Source。

➤ 是否有位置点：Positions。

➤ 文件大小：Size。

➤ 程序名：Program Name。

➤ 注释：Comment。

➤ 组掩码（定义程序中有哪几组受控制）：Group Mask。

➤ 写保护：Write Protection。

2.3.4　FANUC 机器人使用注意事项

1. 安装注意事项

运输和安装机器人时，应当严格遵照 FANUC 建议的程序进行，错误的运输和安装将导致机器人滑落，对工人造成伤害。机器人安装后的第一次运行，应从低速开始，逐步增加速度，并随时检查机器人的运行情况。

2. 运行注意事项

➤ 在机器人运行之前，应确认安全围栏内没有人员，没有可导致危险的位置存在。

➤ 操作者在操作示教盒时不得戴手套，以防误操作。

➢ 应保存程序、系统参数或其他重要信息，并周期性地存储数据，以免在事故中造成数据丢失。

3. 编程注意事项

① 示教编程时应在安全围栏区域外，并在尽可能远的地方完成。

② 如果无法做到，编程人员应特别注意：

➢ 进入安全围栏前，确认区域中没有危险位置存在；

➢ 随时准备紧急停机；

➢ 机器人应低速运动；

➢ 程序运行前仔细检查整个系统的状态，确认没有远程指令，确认没有动作会威胁使用者。

③ 编程结束之后，应当给程序编制相应的文字说明。

4. 维护注意事项

（1）警告事项

➢ 在维护过程中，机器人和系统应当在断电状态，必要时加装安全锁以防止其他人打开机器人或系统电源。确需带电维护时，应确保紧急停机按钮可用。

➢ 替换零件时，维护人员必须预先学习复位步骤，以防误操作。

➢ 当进入安全围栏之内时，应先检查整个系统，确认没有危险位置。

➢ 不得使用 FANUC 没有推荐的保险丝。

➢ 移除电机或制动器时，应预先支撑机器人的手臂，确保手臂不会坠落。

➢ 如果维护过程中需要机器人动作，应保证系统正常运行，通道不被机器人或其他设备阻挡。

➢ 当拆卸电机、制动器或其他重负载时，应使用工具不承受过量负载，防止人员受伤害。

（2）注意事项

➢ 如有油脂洒落在地面，必须尽快擦拭干净。

➢ 维护过程中不得攀爬机器人。

➢ 如维护伺服电机、控制单元内部等易发热的部件，需要佩戴放热手套或保护工具。

➢ 更换零件后，所有螺钉和其他相关的组成部分务必放回原处，并仔细检查以确保没有组件丢失或未被安装。

➢ 对气动系统维护前，应关闭供气系统，并排放管道内气体使气压降至零。

➢ 零件更换后，应对机器人给出相应的文字说明。

➢ 维护结束后，应清理洒落的油脂、水、金属片等。

➢ 替换零件时，应防止灰尘进入机器人。

2.4 KUKA 机器人基本操作及编程

2.4.1 示教器界面介绍与操作

1. 示教器的结构及面板功能

手持式示教器具有工业机器人操作和编程所需的各种功能，主要由触摸屏、手写笔、鼠标和按键组成，如图 2-47、图 2-48 所示。示教器可通过手动操作、程序编写、参数配置等方法控制机器人的行走轨迹、速度变量、旋转度数和姿势等。

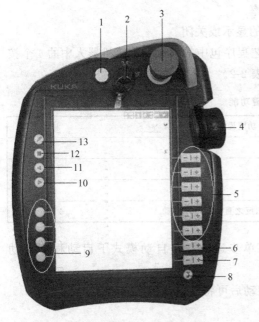
图 2-47　KUKA 手持示教器正面

图 2-48　KUKA 示教器反面

示教器由 SmartPAD 按钮（1）、钥匙开关（2）、紧急停止键（3）、3D 鼠标（4）、触摸屏、壳体以及各类按钮组成，操作按钮分为移动键、倍率键、菜单键、工艺键和程序运行键等几类。各部件及按键功能如下。

➢ SmartPAD 按钮（1）：按下此按钮时示教器在 25s 内失效，如在规定时间内拔出控制柜内的与示教器相连的信号线，示教器功能失效。

➢ 钥匙开关（2）：用于选择或切换运行模式。钥匙插入后开关方可转动，有 4 种运行模式可供选择，如表 2-1 所示。

表 2-1　运行模式一览表

运行模式	使用场合	工作速度
T1 （手动低速运行方式）	用于测试运行、编程和示教	程序验证：程序编定的速度，最高 250mm/s 手动运行：手动运行速度，最高 250mm/s
T2 （编程速度运行方式）	用于测试运行	程序验证：编程的速度 手动运行：不可用
AUT （外部自动运行方式）	用于不带上级控制系统的工业机器人	编程运行：编程的速度 手动运行：不可用
AUT EXT （外部自动运行方式）	用于带有上级控制系统（例如 PLC）的工业机器人	编程运行：编程的速度 手动运行：不可用

➢ 紧急停止键（3）：用于在危险情况下关停机器人。紧急停止键按下时所有功能键自行锁闭，机械人处于停止状态。

➢ 3D 鼠标（4）：用于手动控制机器人 6 个位置的移动和 360°转动，可通过坐标系选择实现单轴和多轴联动。

➢ 移动键（5）：共有 6 组按键，分别手动控制机器人 J1～J6 轴的 6 个单轴移动或转动。

➢ 程序运行倍率（6）：用于设定程序自动运行倍率。

➢ 手动运行倍率（7）：用于设定手动运行倍率。

➢ 主菜单按键（8）：控制菜单项在触摸屏上的显示或关闭。

➢ 工艺键（9）：共有 4 组按键，用于设定工艺程序包中的参数。焊接机器人中的 4 个按键分别为送丝、退丝、通电和摆动，详细功能见表 2-2。

表 2-2　工艺键功能

按键名称	功能说明
送丝	手动模式下按下,焊丝连续伸长
退丝	手动模式下按下,焊丝连续缩短
通电	自动模式下按下,引弧通电焊接,反之不通电
摆动	自动模式下按下,开启程序中编制的摆动形式,反之直线运行不摆动

➢ 启动键（10）：在手动模式下，启动程序单步运行；在自动模式下启动程序自动运行。

➢ 逆向启动键（11）：在手动模式下，正常启动后可将程序逐步逆向运行。

➢ 停止键（12）：暂停正运行中的程序。

➢ 键盘显示键（13）：通常不必操作此键显示键盘。示教器可识别编程需要自动显示键盘，方便必须通过键盘输入的需要。

另外，在示教器的背面有使能键，配合移动键和 3D 鼠标手动控制机器人，只有按下其中一个使能键时（即 3D 和移动指示灯显示绿色），配合手动移动键，机器人才能运行。使能键有三个挡位，未按下挡（未启动）、中位挡（启动）、完全按下挡（警报状态）。

2. 示教器触摸屏的操作界面（见图 2-49）

示教器由下列部分组成。

① 菜单条（见图 2-50）。打开并进入启动界面后，可显示工作状态，如运行模式、工具编号、坐标系、程序编辑管理、IPO 模式、程序运行方式、手动与自动倍率。

② 信息提示计数器（见图 2-51）。信息提示计数器可显示每种信息类型，各有多少等待处理的信息提示。点击信息提示计数器可放大显示查看。

③ 信息状态窗口。示教器在进行操作时，触摸屏界面顶部会显示机器人控制系统的信息提示，如图 2-51 所示。为了使机器人运动，必须对信息予以确认。点击指令"OK"（确认）表示请求操作人员有意识地对信息进行了分析，所有可以被确认的信息可点击"全部OK"一次性全部确认。

④ 状态显示空间鼠标。该图标（图 2-49 中④）表示当前鼠标手动运行坐标系，触摸该图标可显示并选择另一个坐标系。

⑤ 显示空间鼠标定位。该图标表示空间鼠标当前定位的窗口，在窗口中可以修改定位。3D 鼠标的位置可根据人与机器人的位置通过移动滑动调节器来调节 KCP 的位置。

⑥ 状态显示运行键。状态显示运行图标用来表示当前手动运行的坐标系，触摸该图标可以显示并选择另一个坐标系。

⑦ 运行键标记。如果选择了与运动轴相关的运行，将显示轴号 A1～A7，如图 2-49 所

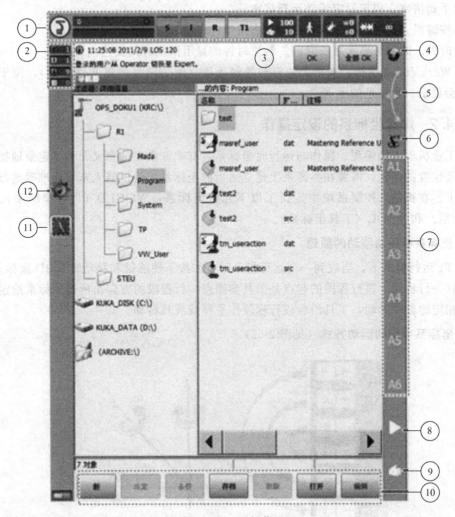

图 2-49 KUKA 操作界面

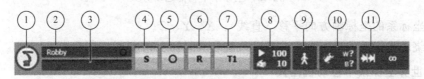

图 2-50 菜单条

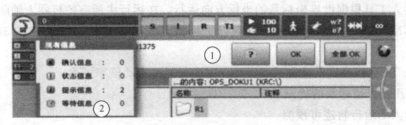

图 2-51 信息提示计数器

示。如果选择笛卡儿式运行，则显示坐标系的方向（X、Y、Z，A、B、C）。

⑧ 程序倍率：用于设定程序自动运行倍率。

⑨ 手动倍率：用于设定手动运行倍率。

⑩ 按键栏。按键栏将正在运行的动态指令进行编辑、设置。

⑪ 时钟。时钟可显示系统时间。触摸时钟能显示系统时间及当前日期。

⑫ WorkVisual 图标。如果无法打开任何项目（例如项目所属文件丢失），位于下方的图标上会显示一个红色的小 X。

2.4.2　焊接坐标系的设定操作

在工业机器人的编程、操作与运行时坐标系具有非常重要的意义，为了定量地描述物体的位置及位置的变化，需要在参考系上建立适当的坐标系，使机器人末端能准确地行走在编程轨迹上。在机器人控制系统中定义了以下几种坐标系：WORLD（世界坐标系）、BASE（基坐标系）和 TOOL（工具坐标系）。

1. 坐标系中手动移动的原理

在 T1 运行模式下，当收到一个运行指令时（如按下使能键和移动键或 3D 鼠标），控制器先计算一行程段，该行程段的起点是工具参照点，行程段的方向由所选坐标系给定。控制器控制相应的轴作运动，工具沿着该行程段作平移或绕其转动。

2. 坐标系中轴的运动方式（见图 2-52）

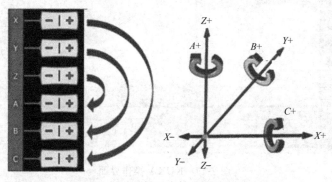

图 2-52　坐标系中轴的运动方式

➤ 沿坐标系的坐标轴方向平移（直线）：X、Y、Z。

➤ 环绕着坐标系的坐标轴方向转动（旋转/回转）：角度 A、B 和 C。

3. 在世界坐标系中移动机器人

（1）手动操控世界坐标系的原则（见图 2-53）

➤ 机器人工具根据世界坐标系的坐标方向运行，在运行中所有的机器人轴随之运动。

➤ 在标准设置下，世界坐标系原点位于机器人底座中，使用移动键或 3D 鼠标进行操控。

➤ 仅在 T1 运行模式下才能手动运动，速度可通过手动倍率更改。

（2）使用世界坐标系的优点

➤ 机器人的运行轨迹可预测。

➤ 运行轨迹始终唯一。

➤ 零点设定后的机器人始终可用世界坐标系来运行。

➤ 可用 3D 鼠标操作，简洁直观。

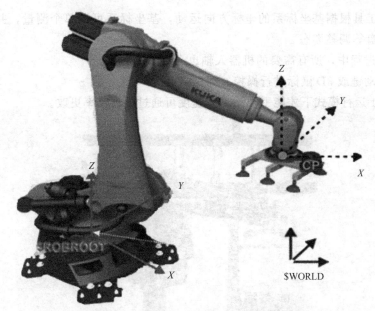

图 2-53　世界坐标系中手动移动的原则

4. 在工具坐标系中移动机器人

（1）手动操控工具坐标系的原则（见图 2-54）

➢ 机器人工具根据出厂时所测工具的坐标方向移动机器人，在此过程中所有参与工作的轴由系统决定自行运动。

➢ 工具坐标系的原点被称为 TCP，与工具的工作点相对应。

➢ 使用移动键或 3D 鼠标进行操控；仅在 T1 运行模式下才能手动运动，速度可通过手动倍率更改。

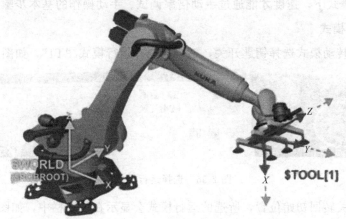

图 2-54　工具坐标系中手动移动的原则

（2）使用工具坐标系的优点

➢ 在工具坐标系已知情况下，机器人的运动可预测。

➢ 可沿工具作业方向运行或绕 TCP 调整姿态。

5. 在基坐标系中移动机器人

（1）手动操控基坐标系中的手动移动（见图 2-55）

机器人的工具根据基坐标系的坐标方向运动，基坐标系可以单个测量，并可以沿工件、工件支座、货盘等调整姿态。

➤ 在手动过程中，所有需要的机器人轴也会自行运动。

➤ 使用移动键或 3D 鼠标进行操控。

➤ 仅在 T1 运行模式下才能手动运动，速度可通过手动倍率更改。

图 2-55　基坐标系中的手动移动

（2）使用基坐标系的优点

➤ 在基坐标系已知情况，机器人运行动作可预测。

➤ 可用 3D 鼠标直观操作，前提要求操作员必须相对机器人以及基坐标系正确站位。

2.4.3　机器人手动移动操作

在选定坐标系的情况下，机器人的手动移动操作可使用移动键或 3D 鼠标进行操控，但只有在 T1 运行模式下，速度才能通过手动倍率调试。手动操作的基本步骤如下。

1. 选择运行模式

在示教器上转动模式选择钥匙开关，触摸屏选择运行模式"T1"，如图 2-56 所示。

图 2-56　选择运行模式

再将钥匙开关转回初始位置，所选的运行模式会显示在状态栏中，如图 2-57 所示。

图 2-57　运行模式选定状态显示

2. 机器人的单轴运动

如图 2-58 所示，选择轴作为移动选项，并调整手动倍率，再按下"使能"键，听到

"咔咔"的声音后移动机器人，可选择移动键操控和 3D 鼠标操控两种方法，如图 2-59 所示。

图 2-58　选择移动项和倍率

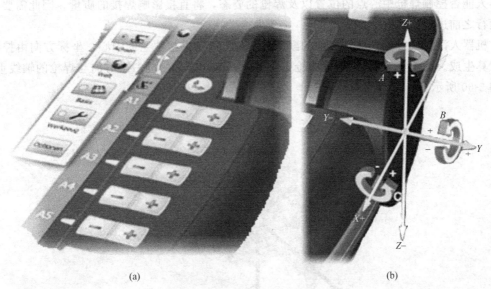

(a)　　　　　　　　　　　　　　(b)

图 2-59　移动键和 3D 鼠标

① 移动键操控：按下"正"或"负"键，使轴朝正反方向或顺逆时针运动。

② 3D 鼠标操控：触碰 3D 鼠标将机器人朝所需方向移动或转动。

3. 机器人的联轴运动

机器人联轴运动与单轴运动的主要区别，就是在运行一个方向的过程中机器人需要自行调整各轴姿态。下面以"在世界坐标系中"的联轴运动为例说明操作过程，推荐使用 3D 鼠标操控，也可使用移动键。其操作步骤如下。

① 选择世界坐标系。

② 调整手动倍率。

③ 按下"使能"键，直到听见"咔咔"声。

④ 操控 3D 鼠标将机器人朝所需方向移动或转动。

⑤ 也可选择移动键作为选项进行操控。

4. 机器人手动运行注意事项

（1）及时注意下列提示信息，避免对手动运行产生影响

（2）信息提示

① 激活的指令被禁。原因是出现停机或引起激活的指令被禁的状态（例如：按下了"急停按钮"）。解决措施是解锁"急停按钮"，再将信息窗口进行确认。

② 软件限位开关＋A1。原因是以给定的方向（＋或－）移至所显示轴（例如 A1）的软件限位开关。解决措施是将显示的轴朝相反方向移动或转动。

（3）确认开关

示教器上装有三个使能开关。使能开关有未按下挡、中位挡、完全按下挡（警报状态）3 个挡位。为了能让机器人正常运行，手动操控时，必须按下一个使能开关。

2.4.4　KUKA 机器人的工具标定

焊接机器人搭载的焊枪中心点（TCP）和工具坐标方向是进行焊接的运行的轨迹中心，机器人能否控制焊枪中心点的位置以及焊枪的姿态，将直接影响焊接的质量。因此需要在投入运行之前进行工具的标定。

机器人没有进行工具标定之前的默认 TCP 是 J6 轴连接法兰的中心，坐标方向由控制系统计算生成。而工具 TCP 是焊枪的枪头位置，而坐标方向中的一个方向与焊枪的轴线重合，如图 2-60 所示。

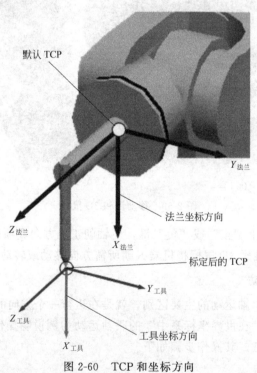

图 2-60　TCP 和坐标方向

所谓工具标定就是进行 TCP 坐标误差的测量和坐标方向的设定。KUKA 机器人的 TCP 标定常用 XYZ-4 点法和 XYZ-参考法，方向标定有 ABC-5D、ABC-6D 和 ABC-2 点法等。

在 XYZ-4 点法中，TCP 以四个不同的姿态移到参考点的位置，但最后一个点的工具 X 方向应当与标定用顶尖的 Z 方向相同，TCP 将根据法兰盘不同的位置和方向计算出来。ABC-2 点法将先前已经标定好的 TCP 移动到一个已知的参考点，然后将 TCP 移动到工具

X 轴负向的一个点并进行标定，接着被参考点在即将定义的工具 XY 平面内的 Y 轴正向上。通过构建 X-Y 平面，并定义 X、Y 轴的正负方向，坐标方向就确定了。下面来详细讲解工具标定的方法和操作步骤。

在示教器上按下"菜单"键，在主菜单中单击"投入运行"→"测量"→"工具"→"XYZ 4 点法"，如图 2-61 所示。

图 2-61　TCP 标定方法选择

单击"XYZ 4 点法"进入工具设定画面，如图 2-62 所示。单击工具号或工具名右侧的数字框，将显示如图 2-63 所示的输入键盘，可以用光笔点击数字或字母输入工具号或工具名。

完成工具号和工具名的设定之后，单击"继续"按键，进入如图 2-64 所示的第 1 参考点校准界面。

按下"使能"键手动操纵机器人仔细移动到校准顶尖的左侧，确认后单击"测量"按键，出现如图 2-65 所示的确认对话框。用同样的方向完成第 2 和第 3 参考点的校准。在进行第 4 参考点的校准时，焊枪的中心线应尽量与校准顶尖的 Z 轴的方向相同，并尽可能接近顶尖。完成 4 个参考点的校准后，将出现如图 2-66 所示的刀具负载数据输入画面。

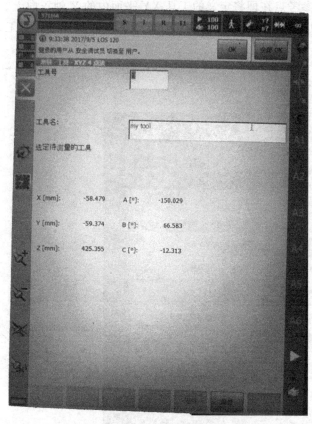

图 2-62 工具设定画面

图 2-63 工具设定输入键盘

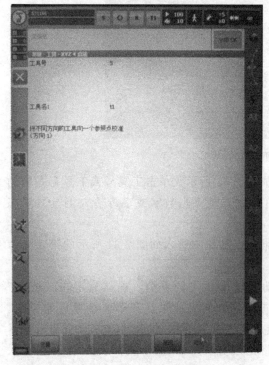

图 2-64 第 1 参考点校准

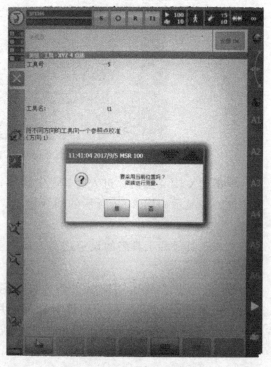

图 2-65 确认参考点坐标

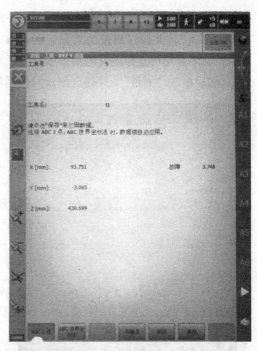

图 2-66　刀具技术参数　　　　　　　　　图 2-67　方向标定方法选择

由于焊枪的质量比较小，焊接机器人可以不考虑焊枪的质量（M）、质量重点（X，Y，Z）、姿态（A，B，C）和转动惯量（JX，JY，JZ）的影响。因此，对焊接机器人系统直接单击"继续"，进入方向标定方法选择画面，如图 2-67 所示。

在此界面中先单击"保存"按键，将 4 个参考点的校准参数进行保存。再单击"ABC 2点"法进行方向的标定。第 1 步是将工具 TCP 移动到顶尖参考点，如图 2-68 所示。

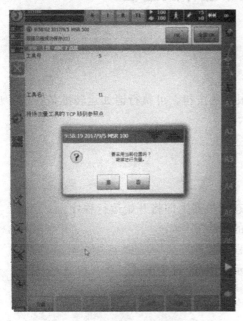

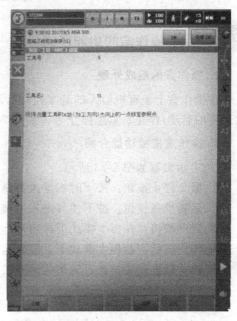

图 2-68　移动 TCP 到参考点　　　　　　图 2-69　移动 X 轴负方向一点到参考点

单击"测量"，并确定测量的数据后，进入 X 轴方向的标定，如图 2-69 所示。手动移动机器人，将工具 X 轴负方向上的一点，即与焊丝伸出相反的方向上的一点移动到参考点。单击"测量"，并确定测量的数据后，进入 Y 轴方向的标定，如图 2-70 所示。

Y 轴即是与焊丝相垂直的轴，根据右手法则将 Y 轴正方向上的一点移动到校准顶尖（参考点），然后单击"测量"，并确定测量的数据后，即显示工具标定结果，如图 2-71 所示。

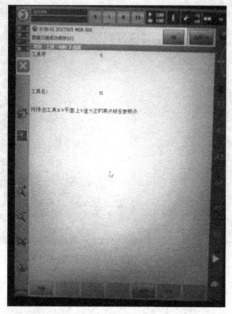

图 2-70　移动 Y 轴正方向上一点到参考点

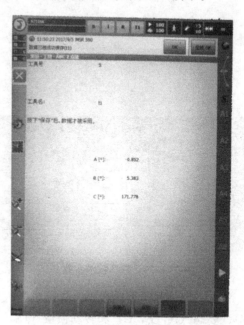

图 2-71　工具标定结果

2.5　OTC 机器人基本操作及编程

2.5.1　操作盒的功能说明

1. 操作盒的组成外观

在操作盒上装有机器人的基本控制所需最低限度的按钮，可执行诸如运转准备投入、自动运转的启动/停止、紧急停止等，如图 2-72 所示。

2. 操作盒按键功能介绍

OCT 示教器如图 2-73 所示。

① 紧急停止按钮：按下时机器人紧急停止。

② 运转准备按钮：按下使其进入运转准备状态，机器人即将开始运行程序。

③ 启动按钮：在再生模式下，启动运行指定的程序。

④ 停止按钮：在再生模式下，停止运行中的程序。

⑤ 模式转换开关：通过转动钥匙开关，选择示教模式/再生模式。

2.5.2　示教器界面与操作

1. 示教器的组成外观

示教器正反两面上有操作键、按钮、开关、缓动旋钮等，可进行手动操纵、程序编写、

图 2-72　OTC 操作盒

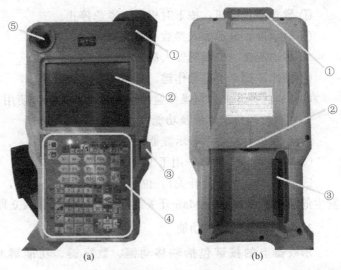

图 2-73　OTC 示教器

参数配置来控制机器人的行走路线、速度变量、旋转度数和姿势各种动作，如图 2-74 所示。

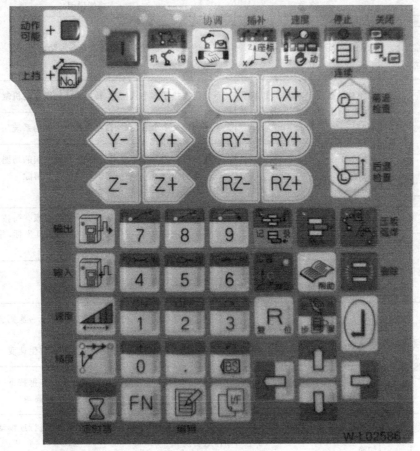

图 2-74　操作按键

2. 示教器开关及按钮功能

（1）示教器正面开关与按钮

① 紧急停止按钮：按下时机器人紧急停止。

② 显示屏：显示输入参数和编程指令。

③ 缓动旋钮：控制机器人缓慢移动。

④ 操作按键：组合操作键，具体功能另外介绍。

⑤ TP 选择开关：与操作盒的模式转换开关组合使用，转换示教模式或再生模式。

（2）示教器背面组成及功能

① 手束带：方便手持示教器。

② USB 通信连接口：用于 USB 设备通信。

③ DeadMen（使能开关）：位于示教器背面左手边，示教模式下手动操作机器人使用。发生危险时，放开 DeadMan 开关或强力握紧，机器人立即停止工作

3. 示教器上的按键功能

示教器上的按键包括轴移动键、数字键、功能键和编程键等几类，详细的功能见表 2-3。

表 2-3　操作按键功能一览表

按键	名称	功能说明
动作可能	动作可能	与其他按键一起按下就可以执行各种功能
系统 机构	单独的按下→机构的切换和（动作可能）同时按下→系统的切换	系统里连接了多个机构时,转换为手动操作的机制
		系统内定义多个系统时,转换为操作主面的系统
协调	协调	在连接机构的系统所应用的按键,具有下面的功能 在手动操作时,将手动协调操作加选择和解除 在示教时,将协调动作选择和解除
插补 座标	单独的按下→切换坐标	在手动操作时,转换动作平面基准的坐标系。每按下一次,各轴单独转换和正交坐标(或使用坐标)或为工具坐标,并会显示在液晶面板
	与（动作可能）同时按下→内部插种类的转换	转换和记录状态的内插和种类
检查速度 手动速度	单独的按下→变更手动的速度	转换手动操作机器人的动作速度。每按下一次则会在 1 到 5 挡的动作速度间进行转换(数字越大越高速) 根据在此选择的速度来决定记录步骤和再生速度
	与（动作可能）需同时按下→变更检查的速度	切换前进检查/后退检查动作时的速度。每按下一次则会在 1 到 5 挡的动作速度间进行转换(数字越大越高速)
停止 连续	单独按下→连续、不连续的切换	如进行前进检查/后退检查动作的时候,进行连续动作或不连续动作的切换 选择连续动作时,机器人动作步骤间不会停止
	与（动作可能）同时按下→再生停止	停止再生的作业程序(具有和[停止按钮]同样的功能)

按键	名称	功能说明
关闭	单独按下→画面的切换、移动	在监视器画面时,按下此按键转换为操作对象的动作画面
	与(动作可能)同时的按下→关闭画面	将会关闭所选择的监视器的画面
X− X+ Y− Y+ Z− Z+	单独按下→功能则不起作用	
RX− RX+ RY− RY+ RZ− RZ+	与(DEADMAN 开关)同时按下→轴操作	可以手动来移动机器人。要移动辅助轴时,则以[系统/机构]预先转换好的操作对象
前进检查 后退检查	单独按下的功能不起作用	与机器人开关同时的按下→前进检查/后退检查 完成前进检查/后退检查动作。通常在每记录位置会停止机器人,也可以进行连续动作 要转换为步骤和连续,则使用[停止和连续]
覆盖记录	单独的按下→移动命令记录	在示教的时候,进行移动命令的记录
	与(动作可能)同时按下→移动命令的覆盖	以记录好的移动命令覆盖现在的记录的状态(位置、速度、切换、精度)。但是,可以覆盖的只要在要变更移动命令的记录内容。不可以把移动命令覆盖焊接命令或把焊接命令覆盖另外的焊接命令 又在移动的命令的记录状态中,关于记录的位置、速度、精度,可以各自使用[位置的修正]、[速度]、[精度]个别不能加以覆盖
插入	单独按下→功能不起作用	
	与(动作可能)同时的按下→移动命令的插入	在现在的步骤之前,插入移动命令
压板弧焊	单独按下→点焊的命令设定	要设定点焊命令的同时加以使用 每按下一次键,则会转换记录状态的 ON/OFF
	与(动作可能)同时按下→点焊手动加压	以手动加压进行点焊
位置修正	单独按下→功能不起作用	
	与(动作可能)同时按下→位置的修正	把存储在选择中的移动命令之位置,变更为现在的机器人之位置
帮助	与(动作可能)同时按下→位置的修正	把存储在选择中的移动命令之位置,变更为现在的机器人之位置
删除	与(动作可能)同时按下→步骤要删除	会删除的选择中的步骤(位置的命令或应用指示命令)

续表

按键	名称	功能说明
复位 R	复位	会取消输入或把设定画面复原。还可以输入 R 码(快捷方式代码)。假如输入 R 码,可以实时调用要使用的功能
程序 步骤	单独按下→步骤的指定	要显示所指定的程序步骤
	与(动作可能)同时按下→程序的指定	要调用所指定的作业程序时使用
Enter	Enter	确定菜单或数值输入的内容
←↑↓→	与(动作可能)同时按下→移动、变更	在设定内容用多页构成的画面,进行页面的移动 在程序编辑画面等,以多行为单位进行移动 在维护或常数设定画面等,会转换选择项目 在示教/再生模式画面,会变更现在步骤的号码
输出	单独按下 → 到应用命令 SETM 的快捷方式	在示教中,调用输出信号命令[应用命令 SETM(FN105)]的快捷方式
	与(动作可能)同时按下→手动信号输出	把外部信号用手动 ON/OFF
输入	输入	在示教中,调用输入信号等待[正逻辑]命令[应用命令 WAITI(FN525)]的快捷方式
速度	速度	变更选择中已记录好步骤的速度
精度	精度	变更选择中已记录好步骤的精度
定时器	定时器	在示教中,记录定时器命令[应用命令 DELAY(FN50)]的快捷方式
- . + 0 ON 1 OFF 2 ↶ 3 ～ 9	单独按下→数值输入(0～9,小数点)	输入数值或小数点
	同时按下(动作可能)和(1)→ON 的选择	在设定画面等,在复选框选中该项
	同时按下(动作可能)和(2)→OFF 的选择	在设定画面时,从复选框取消该项
	同时按下(动作可能)和(3)→重作(REDO)	以刚才操作之取消(UNDO)所复原的操作,加以重作。只限于作业程序的新开始编制中或编辑中有效
	同时按下(动作可能)和(0)→+的输入	输入"+"
	同时按下(动作可能)和(·)→"-"的输入	输入"-"

续表

按键	名称	功能说明
(BS)	会删除光标位置前 1 个数值或字符	在文件操作,对选择的解除也可以使用
	与(动作可能)同时按下→刚才操作之取消(UNDO)	取消刚才的操作,恢复到变更前的状态。只限于作业程序的新开始编制中或编辑中有效
FN	FN(功能)	选择应用命令时使用
编辑	编辑	打开程序编辑画面 在程序编辑画面,主要进行应用命令的变更、追加、删除或移动命令的各参数的变更
I/F	I/F(界面)	在使用触控板(TOUCH PANEL)规格的悬式示教作业操纵按钮台时,会打开界面板窗口(INTERFACE PANEL WINDOW)
f1 ~ f12	f 键	要选择在液晶画面两端显示的图标(ICON)时使用

4. 示教器上 LED 灯的功能

打开示教器后显示如图 2-75 所示的图案,各图案功能如下。

① 绿色显示:处于运转准备状态时指示灯闪灭,处于运转准备伺服 ON 时亮灯。与操作面板或操作盒上的【运转准备按钮】的绿色指示灯相同。

② 橙色显示:在控制装置的电源接入后闪灭,示教器的系统启动后进入点灯状态,之后处于正常亮灯状态。

③ 红色显示:当示教器的硬件有异常时亮灯,正常处于熄灯状态。

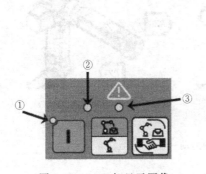

图 2-75　LED 灯显示图像

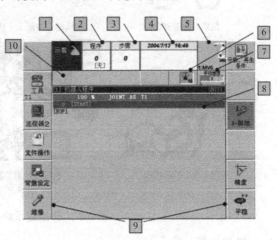

图 2-76　OTC 显示菜单

5. 显示菜单（图 2-76）

① 模式显示区：可显示出选择中的模式（示教/再生/高速示教）。此外，也可合并显示运转准备、启动中及紧急停止中的各种状态。

② 程序号码显示区：显示选择中的作业程序号码。

③ 步骤程序号码显示区：显示作业程序内选择中的步骤号码。

④ 日时显示区：显示目前的日期和时间。

⑤ 机构显示区：显示出成为手动运转对象的机构、机构号码及机构名称（型号）。若是多系统规格的机器人，也合并显示出示教成为对象的系统号码。

⑥ 坐标系显示区：显示选择中的坐标系。

⑦ 速度显示区：显示手动速度。一按（作动可能），则显示检查速度。

⑧ 监视显示区：显示作业程序内容（初始设定的情形）。

⑨ F 键显示区：以 F 键显示可选择的功能。左边六个相当于 F1～F6，右边六个相当于 F7～F12。

⑩ 可变状态显示区："输入等待（I 等待）中"或"外部启动选择中"等各种状态显示，以图标显示于此区内。该状态一结束，图标即消失。

2.5.3 焊接坐标系的设定操作

1. OTC 机器人坐标系

OTC 机器人与 FANUC、KUKA 机器人一样有多种坐标系可供用户坐标操作。

（1）轴坐标

轴坐标通常用单轴移动机器人，从底座开始往焊枪分为六条轴单独来控制机器人的移动，如图 2-77 所示。

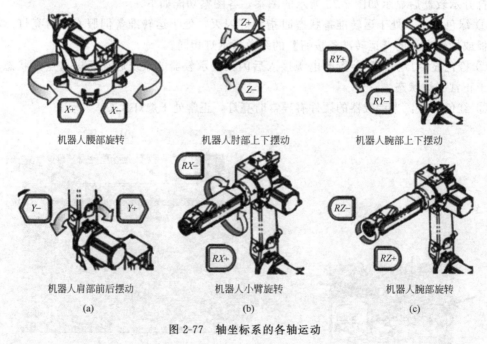

机器人腰部旋转　　　　机器人肘部上下摆动　　　　机器人腕部上下摆动

机器人肩部前后摆动　　　　机器人小臂旋转　　　　机器人腕部旋转

(a)　　　　　　　　(b)　　　　　　　　(c)

图 2-77　轴坐标系的各轴运动

（2）机器坐标

采用右手笛卡儿坐标，各轴可以相互配合，联动控制机器人的移动。如图 2-78 所示。

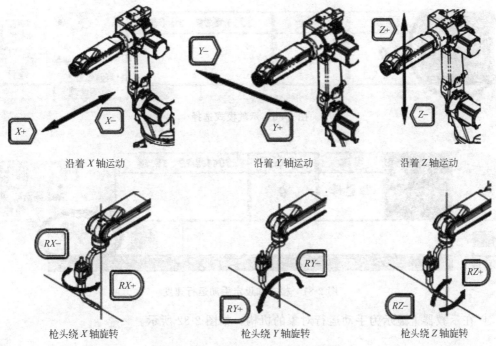

沿着 X 轴运动　　　　　沿着 Y 轴运动　　　　　沿着 Z 轴运动

枪头绕 X 轴旋转　　　　枪头绕 Y 轴旋转　　　　枪头绕 Z 轴旋转

图 2-78　机器人坐标系中的各轴运动

（3）工具坐标

以工具为基准的坐标系，必须依照实际装上的工具形状、方向加以设定，如图 2-79 所示。根据工具的安装面（凸缘法兰面）到工具前端的长度与角度加以定义。具体的操作方法与 FANUC 基本相同，详细操作见教学视频。

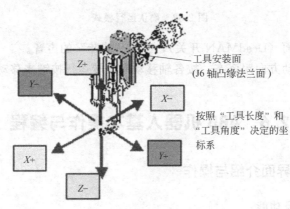

工具安装面
(J6 轴凸缘法兰面)

按照"工具长度"和
"工具角度"决定的坐
标系

图 2-79　工具坐标系

2. 机器人手动移动操作

① 选择示教模式（见图 2-80）。

② 按操作盒上的运转准备按钮，或者同时按住示教器上的使能（DEADMAN）按键和运转准备（ON）键。

③ 按检查速度/手动速度按钮，可以变换或者不变换速度，每按一次按键，可从 1～5 范围内切换。如图 2-81 所示。

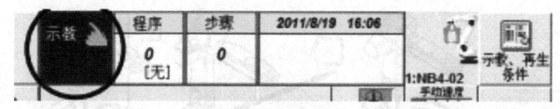

图 2-80　示教模式选择

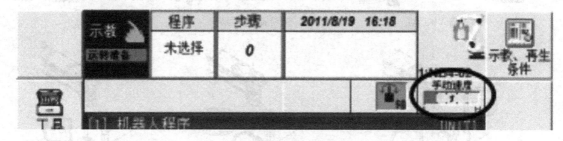

图 2-81　检查和设定手动运行速度

④ 在示教器上显示为手动运行对象的机构，如图 2-82 所示。

带颜色显示选择中的机构。

图 2-82　确认运行模式

⑤ 握住示教器背面（DeadMAN 开关），听到"咔咔"的声音。

⑥ 按照想要的移动方向跟姿态，按各轴移动和旋转运行按键来移动机器人手臂。

2.6　ABB 机器人基本操作与编程

2.6.1　示教器界面介绍与操作

1. 示教器的结构及功能

示教器是进行机器人的手动操纵、程序编写、参数配置以及监控的手持装置，是各类机器人普遍配置的机器人控制装置。如图 2-83 所示。

ABB 示教器主要由连接器、触摸屏、急停按钮、控制杆、USB 端口、使动装置、触摸笔、重置按钮等组成，如图 2-84 所示。拥有彩色触摸屏设计（中、英文互换），3D 摇杆使用简易、方便、快捷，仿 Windows 操作界面使掌握电脑的用户能轻易掌握操作。支持包括中英文在内的 14 种语言，可配置不同的访问权限，支持左右手设置。能够在恶劣环境中使用，并且能够很好地防护。ABB 示教器各部分的名称和功能见表 2-4。

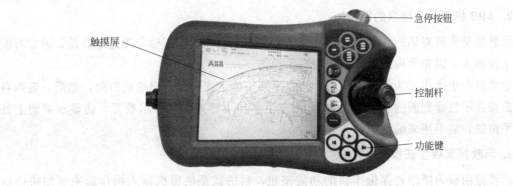

图 2-83　ABB 机器人示教器

触摸屏
急停按钮
控制杆
功能键

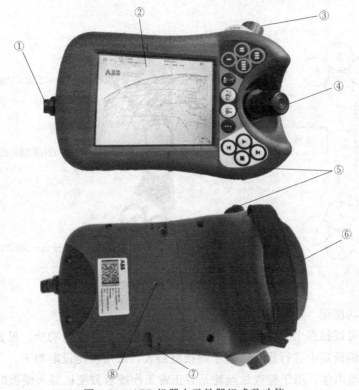

图 2-84　ABB 机器人示教器组成及功能

表 2-4　ABB 示教器各部分的名称及功能

序号	名　称	功能
①	连接器	由电缆线和接头组成,连接控制柜主要用于数据的输入
②	触摸屏	显示操作界面,由手点触摸操作
③	紧急停止按钮	紧急停止,断开电动机电源
④	控制杆	手动控制机器人运动,又称三方向操纵摇杆
⑤	USB 端口	与外部移动存储器(U 盘)连接施行数据交换
⑥	使动装置	手动电动机上电/失电按钮
⑦	触摸笔	专用于触摸屏触摸操作
⑧	重置按钮	重新启动示教器系统

2. ABB 机器人示教器的握持

示教器是人机对话的主要装置，操作者必须知道应该如何正确去握持示教器，通常习惯右手工作的人，以左手握持示教器，用右手操作。

这里以右手操作者为例进行说明：将左手四指伸进皮带口至拇指虎口处，然后，四指自然弯曲按住示教器侧面的"使动装置"，用左手掌和小臂内侧托住示教置，使显示屏朝上处于水平位置，右手用来编程操作。

3. 示教器面板按钮操作

示教器面板为操作者提供丰富的功能按钮，目的就是使得机器人操作起来更加快捷简便。面板按钮大致分为三个功能区域：自定义功能键、选择切换功能键与运行功能键，如图2-85所示。

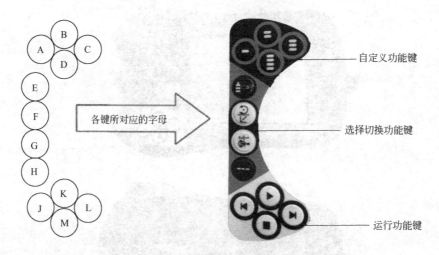

图 2-85　示教器面板按钮功能

（1）自定义功能键

这类功能键可以根据个人习惯或工种需要自行设定它们各自的功能，设置时需要进入控制面板的自定义键设定中进行操作。对于焊接机器人，常用功能设定如下。

➢ A——手动出丝，用于检查送丝轮是否正常工作或者方便机器人编程时定点等。

➢ B——手动送气，确认气瓶是否打开，以及调节送气流量。

➢ C——手动焊接，手动点焊时使用（不常用）。

➢ D——不进行设置，待需要某项手动功能时再进行设置。

（2）选择切换功能键

这类功能键可以根据图标提示知道它们的功能。

➢ E——切换机械单元。通常情况下用于切换机器人本体与外部轴。

➢ F——线性与重定位模式选择切换。按第一下按钮选择"线性"模式，再按一下切换成"重定位"模式。

➢ G—1～3轴与4～6轴之间模式选择切换。第一次按下按钮选择1～3轴运动模式，再按一下切换成4～6轴运动模式。

➢ H——"增量"切换。按一下按钮切换成有"增量"模式（增量大小在手动操纵中设置），再按一下切换成"无增量"模式。

（3）运行功能键

用于运行程序时使用，按下"使能装置（DEADMAN 按键）"启动电动机后才能使用该区域按钮。

> J——步退按钮，使程序后退一步的指令。

> K——启动按钮，开始执行程序。

> L——步进按钮，使程序前进一步的指令。

> M——停止按钮，停止程序执行。

4. ABB 示教器的操作界面

示教器在没有进行任何操作之前，示教器触摸屏界面大致由系统主菜单、状态栏、任务栏和快捷菜单等四部分组成。如图 2-86 所示。

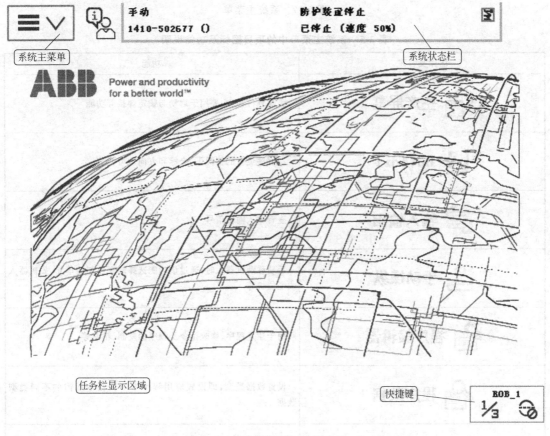

图 2-86　示教器的初始操作界面

（1）系统主菜单

单击初始界面中的系统主菜单图标，打开主菜单界面，它是机器人操作、调试、配置系统等各类功能的入口。如图 2-87 所示。

系统主菜单中的项目图标功能如表 2-5 所示。

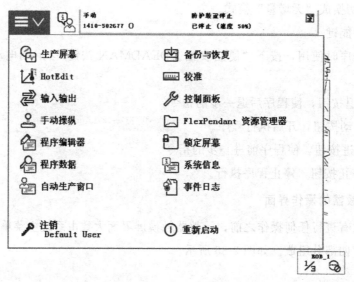

图 2-87　系统主菜单

表 2-5　系统主菜单中的项目图标及功能说明

图标及名称	功能
生产屏幕	弧焊软件包,主要用于启动与锁定焊接等功能
HotEdit	在程序运行的情况下,坐标和方向均可调节
输入输出	查看输入输出信号
手动操纵	手动移动机器人时,通过该功能选择需要控制的单元,如机器人或变位机等
程序编辑器	用于建立程序、修改指令及程序的复制、粘贴等
程序数据	设置数据类型,即设置应用程序中不同指令所需的不同类型数据
自动生产窗口	由手动模式切换到自动模式时,此窗口自动跳出,用于在自动运行过程中观察程序运行状况
注销 Default User	切换使用用户

续表

图标及名称	功能
备份与恢复	备份程序、系统参数等
校准	用于输入、偏移量及零位等校准
控制面板	参数设定、I/O 单元设定、弧焊设备设定、自定义键设定及语言选择等
FlexPendant 资源管理器	新建、查看、删除文件夹或文件等
锁定屏幕	清洁屏幕时需要锁定屏幕
系统信息	查看整个控制器的型号、系统版本和内存等信息
事件日志	记录系统发生的事件,如电动机上电/失电、出现操作错误等
重新启动	重新启动系统

（2）状态栏

状态栏会显示当前状态的相关信息,例如操作模式、系统、活动机械单元。如图 2-88 所示。

图 2-88　状态栏

图中,A 为操作员窗口,B 为操作模式,C 为系统编号（控制器名称）,D 为控制器状态,E 为程序状态,F 为机械单元。选定单元（以及与选定单元协调的任何单元）以边框标记,活动单元显示状态栏为彩色,若未启动单元则呈灰色。

（3）任务栏

任务栏用于存放已打开的窗口,最多能存放 6 个窗口。如图 2-89 所示。

（4）快捷菜单

快捷菜单采用更加快捷的方式,菜单上的每个按钮显示当前选择的属性值或设置。在手

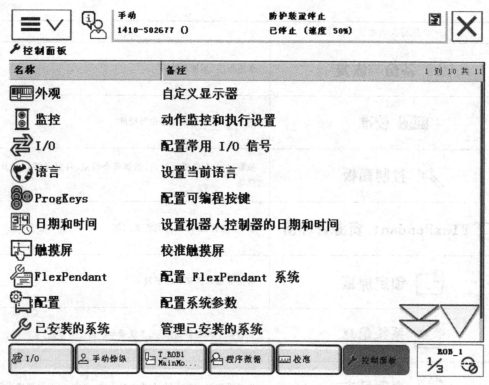

图 2-89　任务栏示意图

动模式中，快速设置菜单按钮显示当前选择的机械单元、运动模式和增量大小。如图 2-90 所示。

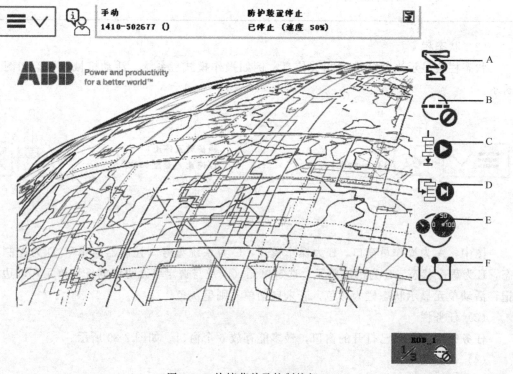

图 2-90　快捷菜单及控制按钮

快捷菜单中各图标名称及功能如下。

➤ A——机械单元：快速选择机械单元、动作模式、坐标系、工具、工件。

➤ B——增量：设置增量移动。

➤ C——运行模式：可以定义程序执行一次就停止，也可以定义程序持续运行。

➤ D——单步模式：可以定义逐步执行程序的方式。

➤ E——速度设置：设置适用于当前操作模式的速度。如果降低自动模式下的速度，则在更改模式后该设置也适用于手动模式。

➤ F——任务：停止或启动机器人工作的任务。

5. 使能装置及摇杆

(1) 使动装置（DEADMAN 按钮）

使能装置是工业机器人为保证操作人员安全而设置，只有在按下使能装置并保持在"电机开启"的状态，才可以对机器人进行手动的操作与程序的调试。当发生危险时，人会本能地将使能装置按钮松开或抓紧，机器人则会马上停下来，保证安全。使能装置按钮有三种状态。

➤ 不按（释放状态）：机器人关节电动机不上电，机器人不能动作。

➤ 轻轻按下：机器人电动机上电，机器人可以按指令或摇杆操作方向移动。

➤ 用力按下：机器人电动机失电，机器人停止运动。

(2) 摇杆

摇杆主要在手动操作机器人运动时使用，它属于三个方向控制装置，摇杆扳动幅度越大，机器人移动的速度越大。摇杆的扳动方向与机器人的移动方向取决于选定的动作模式，动作模式中提示的方向为正向移动，反方向为负方向移动。

2.6.2　焊接坐标系的设定操作

1. 工具数据的设定及使用

工具是能够直接或间接安装在机器人连接法兰盘上，或装配在机器人工作范围内固定位置上的物件。

所有机器人在手腕处都有一个预定义的工具坐标系，该坐标系被称为 tool0（工具 0）。tool0 通常保存在控制器的硬盘或其他存储器中。tool0 的工具中心点位于机器人安装凸缘中心点，与安装凸缘方向一致。所有工具必须用 TCP（工具中心点）定义，TCP 是工具坐标系的零点。机器人系统可以有多个 TCP 定义，但每次只能存在一个有效的 TCP。

(1) 工具数据（tooldata）

用于描述安装在机器人第 6 轴上的工具（焊枪、吸盘夹具等）的 TCP、质量、中心等参数数据。

(2) 工具中心点（TCP）

工具中心点（TCP）位置取决于执行机构的类别。默认工具（tool0）的工具中心点（TCP）位于机器人安装法兰的中心，弧焊机器人工具中心点（TCP）位于焊丝伸出端部。

工具中心点也是工具坐标系的原点。机器人系统可处理若干 TCP 定义，但每次只能存在一个有效 TCP。TCP 有移动或静止两种基本类型，多数应用中 TCP 都是移动的，即TCP 会随操纵器在空间移动，弧焊机器人 TCP 是典型的移动 TCP。某些应用程序中使用固定 TCP，如固定使用的点焊枪。

（3）定义工具 TCP 点的作用

机器人执行程序时，TCP 将移至编程位置，定义 TCP 将有利于编程，使工具 TCP 点能够更精确地定位、更精确地到达目标点。

（4）TCP 的设定

➢ 首先，在机器人工作范围内找一个非常精确的固定点作为参考点。

➢ 然后，在工具上确定一个参考点（最好是工具的中心点）。

➢ 再用手动方式移动工具上的参考点，以 4 种以上不同的机器人姿态尽可能地接近固定点，以刚好碰到为最佳。为了获得更准确的 TCP，也为了与 FANUC 机器人 TCP 设定不同，让初学者能够掌握更多的方法，本节使用 6 点法进行操作，第 4 点是用工具的参考点重合于固定点，第 5 点是工具参考点从固定点向将要设定 TCP 的 X 轴方向移动，第 6 点是工具参考点从固定点向将要设定为 TCP 的 Z 方向移动。

➢ 机器人通过 4 个位置数据计算即可求得 TCP 的数据，TCP 的数据保存在 tooldata 程序数据中，可被程序进行调用。

（5）TCP 取点数量介绍

➢ 4 点法，不改变 tool0 的坐标方向。

➢ 5 点法，改变 tool0 的 Z 方向。

➢ 6 点法，改变 tool0 的 X 和 Z 方向（在焊接应用中最为常用）。前三个点的姿态相差尽量大些，这样有利于 TCP 精度的提高。

（6）工具数据设定的操作步骤

➢ 单击"系统主菜单"图标，进入主菜单界面。

➢ 点击"手动操纵"，进入手动操纵界面，如图 2-91 所示。

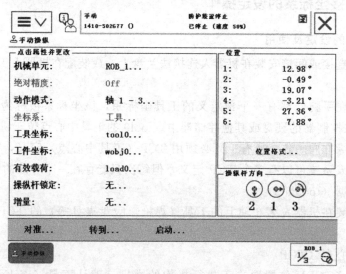

图 2-91　手动操纵界面

➢ 点击"工具坐标"，进入工具坐标界面，如图 2-92 所示。

➢ 点击"新建"→"确定"，进入新建工具坐标系界面，如图 2-93 所示。

➢ 可以修改名称等，点击确定，进入图 2-94 所示界面。

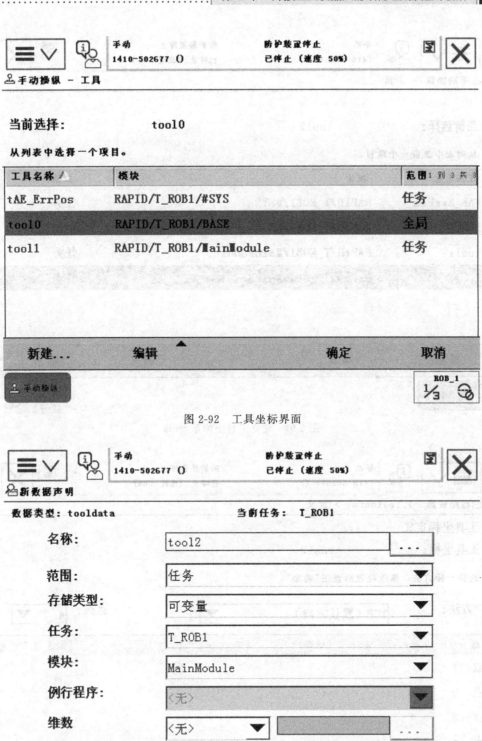

图 2-92　工具坐标界面

图 2-93　新建工具坐标系界面

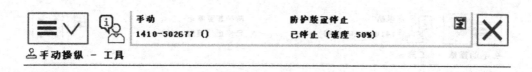

当前选择: tool2

从列表中选择一个项目。

工具名称	模块	范围 1 到 4 共 4
tAE_ErrPos	RAPID/T_ROB1/#SYS	任务
tool0	RAPID/T_ROB1/BASE	全局
tool1	RAPID/T_ROB1/MainModule	任务
tool2	RAPID/T_ROB1/MainModule	任务

新建...   编辑   确定   取消

ROB_1
1/3

图 2-94   建立工具坐标系 tool2

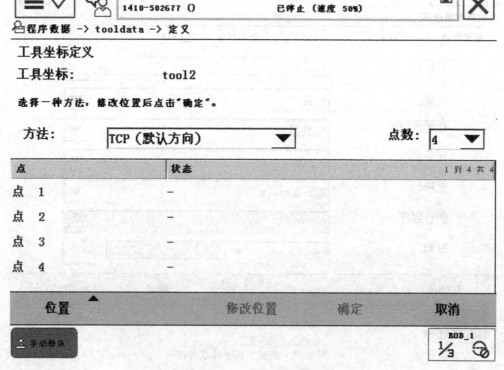

图 2-95   工具坐标定义界面

➤ 点击选中"tool2"，点击"编辑"→"定义"，进入工具坐标定义界面，如图 2-95 所示。

➤ 在方法中选"TCP 和 Z，X"工具坐标定义方法，使用 6 点法设定 TCP，如图 2-96 所示。

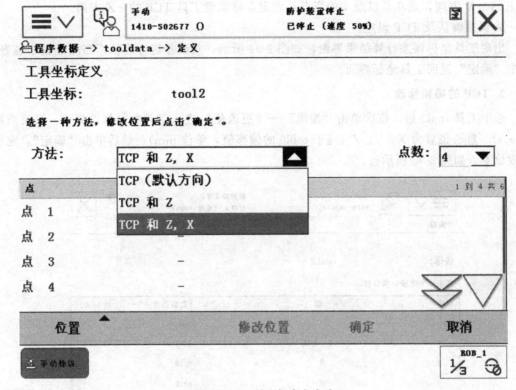

图 2-96　工具坐标定义方法

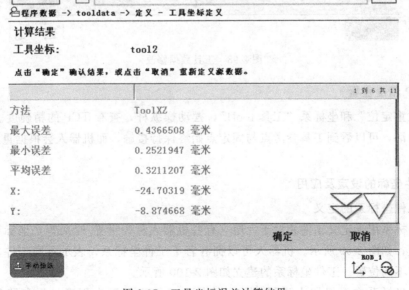

图 2-97　工具坐标误差计算结果

➤ 使用 6 点法设定 TCP。

选择合适的手动操作模式，按下使能键，使用摇杆移动工具参考点，以不同的姿态（姿态变化应尽量大些）靠上固定点，依次选中点 1 到点 6，并点击修改位置将各点位置记录下来。其中，点 4 的姿态需要焊枪垂直靠上固定点，点 5 是以点 4 的姿态从固定点移动到工具 TCP 的 $+X$ 方向，点 6 是以点 4 的姿态从固定点移动到工具 TCP 的 $+Z$ 方向。

➤ 误差确认及 TCP 设定。

出现工具坐标误差计算结果界面，如图 2-97 所示，对误差进行确认，当然是越小越好。点击"确定"返回工具坐标界面。

2. TCP 的编辑修改

选中工具 tool2 后，依次单击"编辑"→"更改值"进入工具数据修改界面。修改质量（mass）、重心位置为 X、Y、Z（基于 tool0 的偏移值，单位 mm），然后单击"确定"，完成修改设置。如图 2-98 所示。

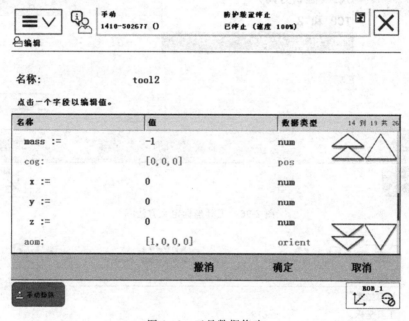

图 2-98　工具数据修改

3. TCP 精度查看

选择"重定位"和坐标系"工具 tool1"，摆动操纵杆，查看 TCP 的精确度。如果 TCP 设定精确的话，可以看到工具参考点与固定点始终保持接触，而机器人会根据重定位操作改变姿态。

4. 工件坐标的设定及应用

（1）工件坐标系的定义

工件坐标系用于定义工件相对于大地（有些机器人称为世界/全局等）坐标系或其他坐标系的位置，如图 2-99 所示。机器人可以拥有若干工件坐标系，表示不同工件，或者表示同一工件在不同位置。工件坐标系的建立如图 2-100 所示。

在工件坐标系中对机器人进行编程，就是在工件坐标系中创建目标和路径，有如下

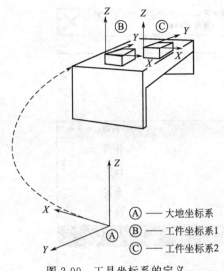

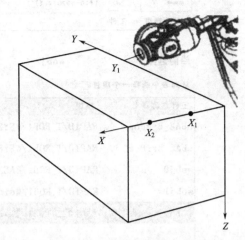

Ⓐ —— 大地坐标系
Ⓑ —— 工件坐标系1
Ⓒ —— 工件坐标系2

图 2-99　工具坐标系的定义　　　　　　　图 2-100　工件坐标系的建立

优点。

　➤ 重新定位工件时，只需更改工件坐标系的位置，所有路径将即刻随之更新。

　➤ 允许操作外轴旋转或直线导轨移动工件，使整个工件与机器人协调运动并始终处于最佳作业位置。

　（2）工件坐标系的设定

　工件坐标系建立在对象的平面上，符合右手定则，只需要定义三个点，就可以建立一个工件坐标系。

　➤ X_1 点确定工件坐标的原点。

　➤ X_1、X_2 确定工件坐标 X 正方向。

　➤ Y_1 确定工件坐标 Y 正方向，如图 2-101 所示。

　（3）工件坐标系的设定方法及步骤

　➤ 新建工件坐标系：在手动操纵窗口中选择"工件坐标"，单击"新建"后，新建一个默认名称的工件坐标系"wobj2"。如图 2-101 所示。

　➤ 选择定义方法：选中新建工件坐标系"wobj2"，单击"编辑"→"定义"，在用户方法下拉菜单中，选择 3 点法，如图 2-102 所示。

　➤ 定义 3 点：在工作台面上或者工件上面定义出相应的点 X_1、X_2、Y_1，确定后完成工件坐标的设定。使用手动操纵中的"线性模式"，选择工件坐标为"wobj1"，可以比较验证机器人移动方向的改变。如图 2-103 所示。

2.6.3　机器人手动移动操作和示教

　ABB 机器人的手动操纵又称为微动控制，就是使用示教器的手动操作摇杆手动定位或移动机器人或外轴。对机器人进行手动操纵的前提条件如下。

　➤ 系统已启动。

　➤ 系统处于"手动模式"。

　➤ 使动装置已按下，系统处于"电机开启"模式。

　ABB 机器人在手动模式下可以进行手动操纵。无论示教器上显示什么视图都可以进行，

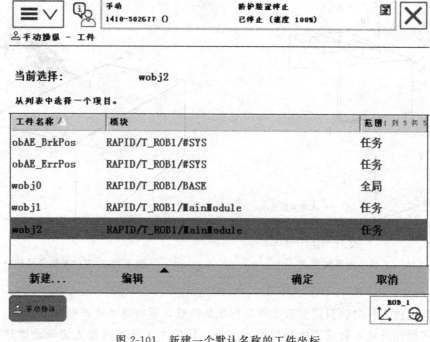

图 2-101　新建一个默认名称的工件坐标

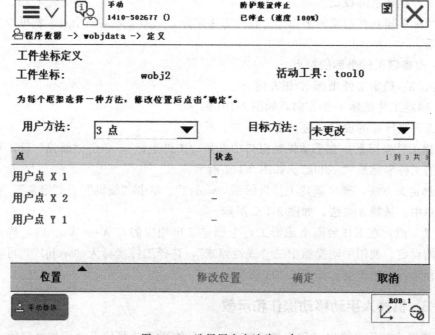

图 2-102　选择用户方法为 3 点

但在程序执行过程中无法进行手动操纵。手动操纵需要分选择动作模式→选择坐标系→操作示教器三个步骤完成。

1. 选择动作模式

将机器人操作模式置于手动限速模式，点击系统主菜单，选择"手动操纵"，进入手动

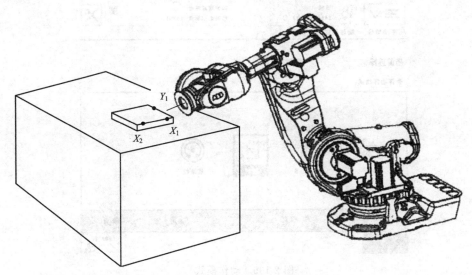

图 2-103　验证机器人移动方向的改变

操纵界面。如图 2-104 所示。

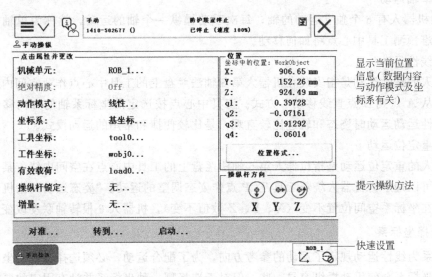

图 2-104　手动操纵界面

手动操纵通常使用操纵摇杆,应注意以下几个问题:

① 操纵杆可 45°方向操作,且偏离中心位置越远,机器人运动就越快;

② 动作开始时会有滞后和加速延时,不要频繁用力扳动操纵杆;

③ 使能装置只有处于"半按"状态才有效。自动模式下使能装置无效,使能装置按到底以后需彻底松开才可再次上电。

点击手动操纵界面下方的"对准",即进入对准界面,可将当前工具对准选定坐标系。点击界面下方的"转到",进入转到界面,可将 TCP 移至选定的目标点。点击界面下方的"启动",进入启动界面,可激活机械单元(如外部轴)。

在手动操纵界面点击"动作模式",进入动作界面。共有单轴运动、线性运动和重定位运动等 3 种动作模式。也可以通过示教器的快捷按钮选择动作模式。如图 2-105 所示。

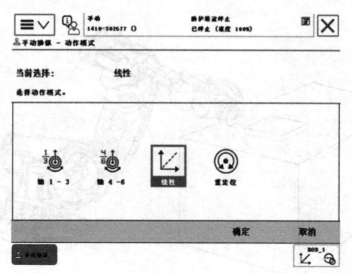

图 2-105　动作模式

在具体操作时，可根据需求选择不同的动作模式。三种模式的运动特点如下。

（1）单轴运动

ABB 机器人有 6 个独立运动的轴，每次手动操纵一个轴的运动，就称为单轴运动。这种方法很难预测工具中心点将如何移动。

（2）线性运动

机器人的线性运动是指安装在机器人第 6 轴法兰盘上的工具中心点作业空间内沿直线移动，即"从 A 点到 B 点直线移动"方式。工具中心点按选定的坐标系轴的方向移动。一般来说，线性运动运动时姿态和轨迹比较直观，是比较便捷和常用的运动模式。

（3）重定位运动

机器人的重定位运动是指机器人第 6 轴法兰盘上的工具中心点在空间中绕着某点旋转的运动，也可以理解为机器人绕着工具 TCP 点作姿态调整的运动。"姿态运动"指机器人的工具中心点在坐标系空间位置不变（X、Y、Z 数值不变），机器人 6 根转轴联动改变姿态。

2. 选择坐标系

坐标系为线性运动规定了运动的参考方向，为了配合运动，必须选择合适的坐标系。选择合适的坐标系会使手动操纵容易一些，但对于选择哪一种坐标系并没有固定的要求。一般采用能以较少的操作摇杆动作将工具中心点移至目标位置的坐标系为最佳选择。基坐标是机器人自带的坐标系，它的方向在机器人安装时就已确定且无法修改，所以一般手动操纵机器人线性运动时首选基坐标。

在手动操纵界面点击"坐标系"，进入坐标系选择界面。其中，基坐标中心位于机器人底座中心，单机器人的大地坐标与基坐标重合。默认工具坐标 TCP 为 6 轴中心点并随机器人动作改变位置及方向，工件坐标系适用于工作台移动后快速定位，坐标数据按相对位置存储。如图 2-106 所示。

在手动操纵界面点击"操纵杆锁定"，进入操纵杆锁定界面，可将操纵杆某个方向的运动锁定，避免误操作。如图 2-107 所示。

在手动操纵界面点击"增量"，进入增量选择界面，可以选择运动时的不同增量，用于精确调整机器人位置。如图 2-108 所示。

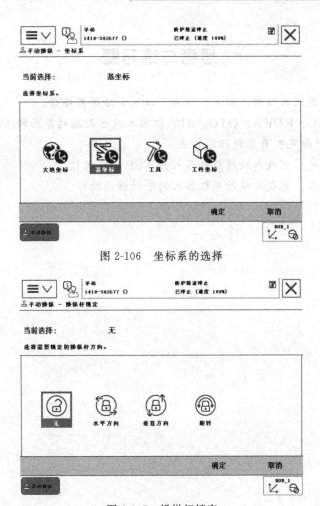

图 2-106 坐标系的选择

图 2-107 操纵杆锁定

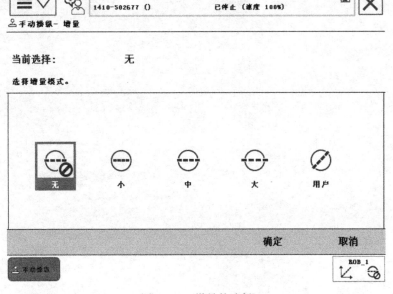

图 2-108 增量的选择

思考与练习题

1. 简述常见机器人的结构、组成、特点，以及实际运用场合。
2. 简述 FANUC、KUKA、OTC、ABB 机器人的示教器的界面特点。
3. 什么是 TCP 标定？有几种标定方法？
4. 实际操作题一：完成本校所用机器人的 TCP 标定操作。
5. 实际操作题二：完成本校所用机器人的手动移动操作。

第3章 焊机及焊接工艺参数的设置

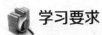 学习要求

通过本章学习，掌握焊机及焊接工艺的基本知识，了解电弧焊工艺的结构特点、适用领域，以及与工业机器人系统的之间电气连接和通信。应能够根据工件的材料、工件焊接结构特点和焊接质量要求，完成焊接电源的种类选择、焊接工艺参数的编制，完成焊接工艺规程的编写。

3.1 弧焊基本类型及应用

3.1.1 焊接基本概念

焊接是通过加热、加压或两者并用，使两工件产生原子间结合的加工工艺和连接方式。焊接技术又称连接工程，是一种重要的材料加工工艺，主要分为熔焊、压焊、钎焊三大类。

3.1.2 常见焊接类型与应用

1. 焊条电弧焊

利用药皮作为保护介质进行手工操作的电弧焊方法。通过焊接电源在一定电压的两电极间或电极与焊件间形成短路，采取加热或加压或两者并用，熔化焊条与母材（焊件）达到原子间结合，而形成永久性连接的工艺过程，如图3-1所示。

焊条电弧焊接具有设备简单、生产成本低、操作灵活、应用广等优点，但存在焊接生产率低、劳动强度大、焊缝质量对工人技术水平依赖性强等缺点。

焊条电弧焊接广泛用于造船、锅炉、压力容器、机械制造、建筑结构、化工设备等行业的制造和维修，可用于上述行业所需的各种金属材料、各种厚度、各种结构形状的焊接。

2. 二氧化碳气体保护焊

利用二氧化碳作为保护气体，进行自动或半自动操作的熔化极电弧焊方法。焊丝自动送进焊件之间产生电弧热量，通过熔化焊丝与母材而形成焊缝。如图3-2所示。

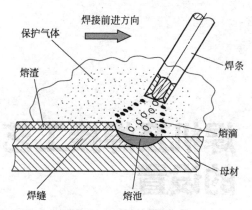

图 3-1　焊条电弧焊原理图

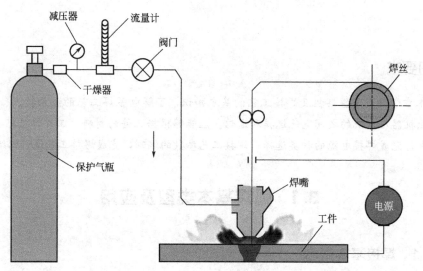

图 3-2　气体保护焊原理图

CO_2气体保护焊接具有操作简单、生产率高、成本低、变形小、适应性广、焊接质量高等优点，但也存在飞溅大、焊缝成形较差、抗风能力差、不能焊接易氧化的有色金属等缺点。

二氧化碳气体保护焊接广泛应用于汽车制造、造船、化工机械、农业机械、运动器材等行业的制造维修，适于各种厚度，主要焊接低碳钢及低合金钢。

3. MIG/MAG 焊

采用惰性气体或混合气体作为保护气体，进行操作的熔化极电弧焊方法。焊丝自动送进焊件之间产生电弧热量，熔化焊丝与母材而形成焊缝。

MIG 采用氩气或氦气等惰性气体或它们的混合气体作为保护气体；MAG 在惰性气体中加入少量活性气体，如氧气、二氧化碳气等。其工作原理与二氧化碳气体保护焊基本相同，只是气体不同而已。

MIG/MAG 焊的优点是操作简单、生产率高、焊接质量好，存在不足是焊接设备复杂、飞溅大、抗风能力差、无脱氧去氢反应，为减少焊接缺陷对焊接材料表面清理要求比较严格。主要用于有色金属及其合金、不锈钢及合金钢的焊接，多用于薄板类焊接。

4. TIG 焊

采用惰性气体作为保护气体，利用钨极与焊件间产生的电弧热熔化母材或填充焊丝，进行操作的非熔化极电弧焊方法，如图 3-3 所示。

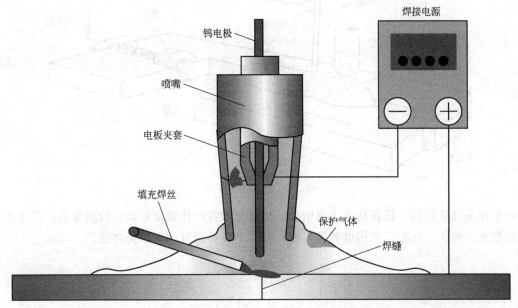

图 3-3　TIG 焊原理图

TIG 焊优点是电弧稳定、不产生飞溅、焊接质量好、焊缝美观，缺点是焊接生产效率低、生产成本较高、钨极的承载电流的能力差。

TIG 焊接能够焊接几乎所有金属材料，常用于不锈钢，高温合金，铝、镁、钛及其合金，以及活性金属（如锆、钽、钼、铌等）和异种金属的焊接，多用于薄板类焊接。

5. 埋弧焊

采用焊剂作为保护介质，电弧在焊剂层下燃烧的电弧焊方法。利用焊丝和焊件之间燃烧的电弧产生的热量，熔化焊丝、焊剂和母材（焊件）而形成焊缝。在焊接过程中，焊剂熔化产生的液态熔渣覆盖电弧和熔化金属，起保护、净化熔池、稳定电弧和渗入合金元素的作用，如图 3-4 所示。

埋弧焊的优点是焊接生产率高、焊缝质量稳定、生产成本低、劳动条件好，缺点是设备较复杂、对焊件装配质量要求高、难以在空间位置施焊、不适合焊接薄板和短焊缝。

埋弧焊广泛用于造船、锅炉、桥梁、钢结构建筑、起重机械及冶金机械制造业中。常用于水平位置或倾斜角不大的焊件，适用材料多为碳素结构钢、低合金结构钢、不锈钢、耐热钢、复合钢材等。

6. 电阻焊

组合后的工件通过电极施加压力，再利用电流通过接头的接触面及邻近区域产生电阻热效应，将其加热到熔化或塑性状态，使之形成金属结合的一种方法。如图 3-5 所示。

电阻焊接具有操作简单、不需填充金属、加热时间短、热量集中、热影响区小等优点；

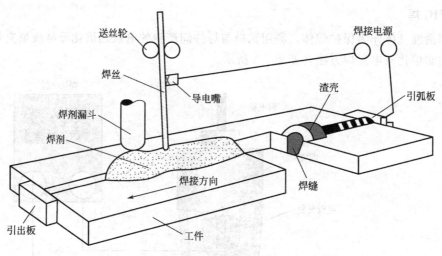

图 3-4　埋弧焊原理图

缺点是接头强度较低、设备功率大费用高、机械化和自动化程度较高、检测复杂。广泛用于航空航天、电子、汽车、家用电器等工业。多用于各种钢材的薄板类焊接。

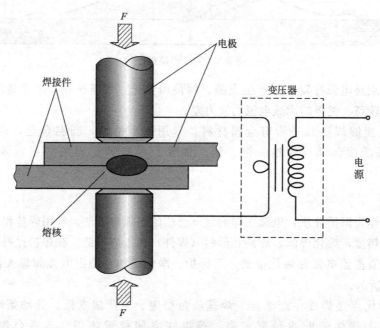

图 3-5　电阻焊原理图

7. 等离子弧焊

以惰性气体为保护气体、等离子弧为热源的焊接方法。气体由电弧加热产生离解，在高速通过水冷喷嘴时受到压缩，增大能量密度和离解度，从而形成等离子弧完成焊接。如图 3-6 所示。

等离子弧焊的优点是温度高能量集中、热影响区窄、工件变形小、效率高、可焊材料种类多，缺点是设备复杂、生产成本高。广泛用于航空航天、工业生产等军工和尖端技术行业的铜及铜合金、钛及钛合金、合金钢、不锈钢等材料的焊接。

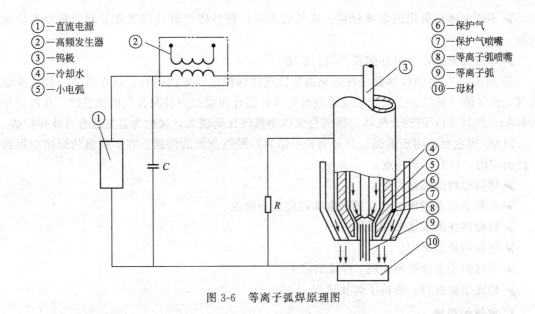

①一直流电源
②一高频发生器
③一钨极
④一冷却水
⑤一小电弧
⑥一保护气
⑦一保护气喷嘴
⑧一等离子弧喷嘴
⑨一等离子弧
⑩一母材

图 3-6　等离子弧焊原理图

3.2　焊接工艺与质量评定

3.2.1　焊接材料

1. 钢材

根据焊接性能要求，焊接钢材大多数采用低碳钢、普通低合金钢，具体的钢材种类和牌号焊接工艺要求选定，本书主要以 Q235 钢板的焊接工艺为例进行编写。

Q235 钢的强度、塑形和焊接性较好，焊接过程中不易产生裂纹，焊接后变形小，缺陷少，在现代工业上应用十分广泛。

2. 焊丝

焊丝成分应与母材成分相近，重点考虑碳当量，应具有良好的焊接工艺性能。根据 Q235 钢材的焊接工艺要求，可选用 H08Mn2SiA 的实芯焊丝。

3.2.2　焊接工艺方法

Q235 钢板焊接常用的焊接工艺有二氧化碳气体保护焊和 MAG 混合气体保护焊两种。

① 二氧化碳气体保护焊。CO_2 气体保护焊是一种以可熔化的金属焊丝作电极，并用 CO_2 气体作保护的电弧焊。它是焊接低碳钢、普通低合金钢等黑色金属的重要焊接方法之一，具有以下特点。

➤ CO_2 焊具有穿透能力强、焊接电流密度大（$100\sim300A/m^2$）、变形小等特点，生产效率比焊条电弧焊高 $1\sim3$ 倍。

➤ CO_2 气体便宜，焊前对工件的清理要求简单，其焊接成本只有焊条电弧焊的 $40\%\sim50\%$。

➤ 焊缝抗锈能力强、含氢量低、冷裂纹倾向小。

➤ 焊接过程中金属飞溅较多，当工艺参数调节不匹配时，飞溅更严重。

➢ 不能焊接易氧化的金属材料，抗风能力差，野外作业时或漏天作业时，需要有防风措施。

➢ 焊接弧光强，要做好防弧光辐射措施。

② MAG 焊。MAG 焊是一种熔化极活性气体保护电弧焊的简称，以在氩气中加入少量的氧化性气体（氧气、二氧化碳或其混合气体）混合而成的一种混合气体保护焊。我国常用 80％Ar＋20％ CO_2 的混合气体，因混合气体中氩气比例较大，又称为富氩混合气体保护焊。

MAG 焊主要适用于碳钢、合金钢和不锈钢等黑色金属的焊接，在不锈钢的焊接中得到广泛的应用，具有以下特点。

➢ 熔滴过渡的稳定性好。

➢ 有利于稳定阴极斑点，提高电弧燃烧的稳定性。

➢ 焊缝熔深形状及外观成形好。

➢ 电弧的热功率大。

➢ 焊缝的冶金质量易控制，焊接缺陷少。

➢ 相比于氩弧焊，降低了焊接成本。

1. 气体的选择

（1）二氧化碳气保焊

CO_2 气体是一种氧化性气体，在高温下分解后具有强烈的氧化作用，易将合金元素烧损或造成气孔和飞溅等。通常焊丝中加入一定量的 Si-Mn 解决 CO_2 氧化性问题，故采用 H08Mn2SiA、H10Mn2Si 等焊丝。

用于焊接的 CO_2 气体要求其纯度≥99.5％，市售 CO_2 通常以液态装入钢瓶中，气体含水量较高，焊接时容易产生气孔等缺陷，在现场使用时应做好减少水分和正常使用措施。

➢ 将气瓶倒立静置 1～2h，然后开启阀门将沉积在瓶口部的水排出。连续做 2～3 次，每次间隔 30min，完成后将气瓶放正。

➢ 经过放水处理的气瓶，使用前应先打开阀门放掉瓶上面纯度较低的气体，然后再套上输气管使用。

➢ 应在气路中设置高压和低压干燥器，并在气路中设置气体预热装置，防止 CO_2 气体中的水分在减压器内结冰而堵塞气路。

（2）MAG 焊

MAG 焊使用的混合气体有以下几种方式。

① 氩气＋氧气混合：在 Ar 中加入 O_2 的混合气体可用于碳钢、不锈钢等高合金钢和高强度钢的焊接，克服了纯 Ar 保护焊接不锈钢时存在的液体金属黏度大、表面张力大而易产生气孔、焊缝金属润湿性差而易引起咬边、阴极斑点飘移而产生电弧不稳等问题。

焊接不锈钢等高合金钢及强度级别较高的高强度钢时，O_2 的体积含量应控制在 1％～5％；用于焊接碳钢和低合金结构钢时，O_2 的体积含量可达 20％。

② 氩气＋二氧化碳混合：主要用来焊接低碳钢和低合金钢。常用的体积混合比为 80％ Ar＋20％CO_2，既具有 Ar 弧焊电弧稳定、飞溅小、容易获得轴向喷射过渡的优点，又具有氧化性。克服了氩气焊接时表面张力大、液体金属黏稠、阴极斑点易飘移等问题。

③ 氩气＋二氧化碳＋氧气混合：用体积比为 80％Ar＋15％CO_2＋5％O_2 的混合气体焊接低碳钢、低合金钢时，焊缝成形、接头质量以及金属熔滴过渡和电弧稳定性方面都比上述两种混合气体好。

2. 焊接工艺参数选择

焊接工艺参数主要有焊丝直径、焊接电流、电弧电压、焊接速度、焊丝伸出长度（干伸长）和气体流量等。

（1）焊丝直径

焊丝直径通常根据焊件的厚薄、施焊的位置和效率等要求选择。焊接薄板或中厚板的全方位焊缝时，大多采用 1.6mm 以下的焊丝，焊丝直径的选择可以参照表 3-1。

表 3-1　焊丝直径选择

焊丝直径/mm	熔滴过渡形式	板厚/mm	施工方位
0.5～0.8	短路过渡	0.4～3	各种位置
	细颗粒过渡	2～4	平焊、横角
1.0～1.2	短路过渡	2～8	各种位置
	细颗粒过渡	2～12	平焊、横角
1.6	短路过渡	2～12	平焊、横角
	细颗粒过渡	>8	平焊、横角
2.0～2.5	细颗粒过渡	>10	平焊、横角

（2）焊接电流

焊接电流大小主要由送丝的速度决定，速度越快，则焊接的电流就越大。焊接电流大小直接影响焊缝的熔深，当焊接电流为 60～250A，以短路过渡形式焊接时，焊缝的熔深为 1～2mm；电流在 300A 以上时，熔深将明显地增大。

（3）电弧电压

电压控制电弧长度和焊丝熔化状态。电压越高，电弧长度变长、焊道宽且平；电压越低，电弧长度变短，焊道窄而高。熔滴采用短路过渡时，焊接电流在 200A 以下时，则电弧电压可按式（3-1）计算：

$$U=0.04I+16\pm2(V) \tag{3-1}$$

当电流在 200A 以上时，则电弧电压可按式（3-2）计算。

$$U=0.04I+20\pm2(V) \tag{3-2}$$

电弧电压还与焊接材料板厚、焊接位置、焊接速度、材质等有关，可以参照表 3-2 选定电压和电流。

（4）焊接速度

半自动焊接时的焊接速度大致为 18～36m/h；自动焊时焊接速度可达 150m/h。

（5）焊丝的伸出长度

一般情况下焊丝的伸出长度指从导电嘴到工件的垂直距离，约为焊丝直径的 10 倍左右，并随焊接电流的增加而增加。保持焊丝干伸长度不变是保证焊接过程稳定性的重要因素之一。焊丝干伸长度过长时，气体保护效果不好，易产生气孔，引弧性能差，电弧不稳，飞溅加大，熔深变浅，成形变差。焊丝干伸长度过短时，看不清电弧，喷嘴容易被飞溅物堵塞，飞溅大，熔深变深，焊丝易与导电嘴粘接。

（6）气体的流量

以 200A 电流以下正常焊接薄板时，CO_2 的流量一般为 10～25L/min；200A 以上厚板焊接，CO_2的流量为 $15\sim25L/min$；粗丝大规范自动焊大致为 $25\sim50L/min$。

焊接工艺参数规范见表 3-2。

表 3-2　焊接工艺参数规范

焊接方式	焊丝直径/mm	焊件厚度范围/mm	焊接电流/A	电弧电压/V	干伸长/mm	保护气体	气体流量/(L/min)
CO₂实芯	0.8	1～3	80～120	17～20	8～12	99.7% CO₂	8～15
	1.0	3	140～160	22～24	10～15		8～15
		4～5	160～180	24～26			8～15
		5～6	180～200	26～28			8～15
		6～8	200～220	28～30			10～20
		8～10	220～240	32～34			10～20
		>10	250～280	34～37			15～25
	1.2	>10	210～250	30～33	12～20		15～25
			250～300	34～38			15～25
MAG	0.8	1～3	80～120	16～18	8～12	80% Ar + 20% CO₂	8～15
	1.0	3	140～160	18～21	10～15		8～15
		4～6	160～180	21～24			8～15
		6～8	180～200	24～27			10～20
		8～10	220～240	28～32			10～20
		10 以上	250～280	32～35			15～25
	1.2	10 以上	210～250	28～32	12～20		15～25
			250～300	32～36			15～25

3. 焊枪操作注意事项

① 在焊接过程中，尽可能地使焊枪电缆保持一条直线；当需要圆形行走时，回转直径应达到 600mm 以上；当作为波形使用时，必须满足回转半径 300mm 以上的条件，否则将影响送丝的稳定性。

② 当有重物掉落到焊枪电缆上时，挠性管及弹簧衬套将会变皱，造成送丝不稳定，务必在操作时加以注意，并及时处理。

③ 弹簧衬套必须每周用压缩空气清洁一次，除去内部的灰尘，以使送丝保持通畅。

④ 发生焊嘴与焊丝被熔，弯曲的焊丝会堵塞在焊嘴中导致送丝中断，或者焊丝受损部分堵塞在焊嘴中，必须完全清除弯曲或变皱的焊丝。若没有清除干净，则由于焊丝与焊嘴的熔敷，焊丝将在弹簧衬套内部发生弯曲或者被送丝滚筒咬住，当受损部分通过焊嘴时，将再次发生送丝不良的现象。

3.2.3　焊接工艺评定

焊接工艺评定（Welding Procedure Qualification，简称 WPQ）是为验证所拟定的焊接工艺的正确性而进行的试验过程及结果评价。

焊接工艺评定是保证质量的重要措施，主要任务是确认焊接工艺指导书的正确性和合理性。通过焊接工艺评定检验按照拟订的焊接工艺指导书，焊制的焊接接头的使用性能是否符合设计要求，并为正式制订焊接工艺指导书或焊接工艺卡提供可靠的依据。焊接工艺评定过程大致如下。

➤ 拟定预备焊接工艺指导书（preliminary Welding Procedure Specification，简称 pWPS）；

➤ 施焊试件和制取试样；

➤ 检验试件和试样；

➤ 测定焊接接头是否满足标准所要求的使用性能；

➤ 提出焊接工艺评定报告，对拟定的焊接工艺指导书进行评定。

焊接工艺评定是针对锅炉、压力容器、压力管道、桥梁、船舶、航天器、核能以及承重钢结构等高焊接要求的钢制设备的制造、安装、检修工作进行的，适用于气焊、焊条电弧焊、钨极氩弧焊、熔化极气体保护焊、埋弧焊、等离子弧焊和电渣焊等焊接方法，属于专业很强的焊接工艺管理方法。对于焊接初学者和本书的使用者，只需要粗略了解。

3.3　林肯焊机的焊接工艺参数设置及日常保养

FANUC 弧焊机器人与林肯焊机组成的焊接机器人系统是比较常见的一种组成方式，如图 3-7 所示。按本书前述规定，图中林肯 Invertec® CV350-R 焊接电源（焊机）、AutoDrive™ 4R90 送丝机和机器人焊枪是本节所需讨论的焊接设备。

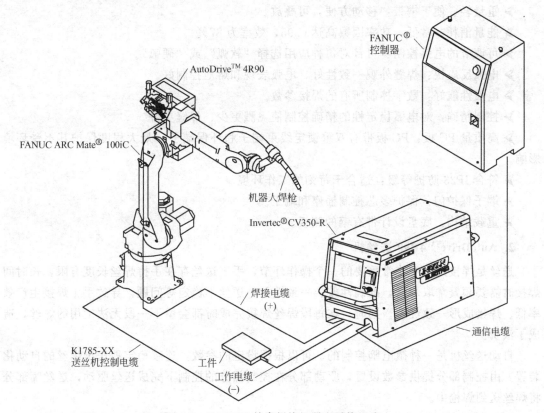

图 3-7　FANUC-林肯焊接机器人系统组成

1. Invertec® CV350-R 林肯焊机

林肯焊机是由美国林肯电气公司生产的一种焊接设备，主要应用在管道焊接、造船工业中的焊接、不锈钢焊接以及双相钢和 Cr-Mo 耐热钢焊接中。

带有数控功能的 Invertec® CV350-R 林肯焊机（见图 3-8）是 MIG/MAG 焊和药芯焊丝焊工艺的理想焊接设备，常用于机器人和自动化领域的焊接。可使用直径为 1.0～1.6mm 之间的实芯焊丝和药芯焊丝，适用于碳钢和不锈钢等多种焊接材料。Invertec® CV 350-R 所有的焊接工艺和程序，都是通过和机器人的接口进行通信协议，由一个中央控制器完成设置、工艺控制和诊断，主要有以下特点。

图 3-8　Invertec® CV350-R 林肯焊机　　　　图 3-9　AutoDrive™ 4R90 送丝机

➢ 重量轻、便于携带：移动方便，可叠放。

➢ 能量消耗非常低：功率因数高达 0.95，效率为 87%。

➢ 可调节的电弧控制：可针对每种应用选择"软弧"或"硬弧"。

➢ 电弧反应快：焊缝外观一致性好，电弧表现和熔池控制好。

➢ 电弧性能好：数字控制所有的焊接参数。

➢ 控制精确：对电弧稳定性的精确控制使飞溅更少、焊缝更好。

➢ 高质量 PC 板：PC 板带有双重锁定线束端子和环保端子，最大程度保护其不受环境影响。

➢ 符合 IP23 防护等级：适合于苛刻的工作环境。

➢ 端子保护门：保护多芯控制插座和端子。

➢ 重载结构：底盘设计带有钢的侧板。

2. AutoDrive™ 4R90 送丝机

送丝是焊接过程中非常重要的一个操作环节，手工送丝存在手持焊丝长度有限，长时间焊接时需要频繁拿取焊丝，准确性差、一致性差、送丝不稳定等问题，导致手工焊接生产效率低、焊接成形一致性差。同时，在每段焊丝焊接完成时都会留下一段无法使用的焊丝，造成了浪费。

自动送丝机是一种微电脑控制的、可以根据设定的参数，连续稳定地送出焊丝的自动化装置。由控制部分提供参数设置，驱动部分在控制部分的控制下完成送丝驱动，送丝嘴部分将焊丝送到焊枪中。

AutoDrive™ 4R90 送丝机（见图 3-9）是与林肯 Invertec® CV350-R 焊机、FANUC

Mate$^®$ 100iC 机器人标准配置的送丝机，具有以下特点。

➤ 集成设计："嵌套"设计，可安装于 FANUC Mate$^®$ 100iC 机器人小臂。

➤ 持久耐用：由精铸铝设计制作的送丝驱动机构可提供可靠的进给力。

➤ 使用方便：驱动轮、送丝导向以及压臂的调节均不需要工具。

➤ 精确控制：双弹簧压力臂提供精确调节，优化不同类型焊丝的压力。

➤ 焊接效果好：高分辨率的转速控制，精确地控制送丝速度。

3. 焊枪

焊枪是焊接过程中执行焊接操作的部分，应具有使用灵活、方便快捷、工艺简单等特点。焊枪利用焊机的高电流、高电压产生的热量，聚集在焊枪终端熔化焊丝，熔化的焊丝渗透到需焊接的部位，冷却后被焊接的物体就牢固地连接成一体。常用的二氧化碳气体保护焊和 MAG 焊接通常使用松下、OTC、宾采尔和 TBI 等四大系列产品。

工业机器人焊枪向着更强壮、更精确、更长使用寿命和能够降低用户的运行成本方向努力，德国泰佰亿工业公司（TBi Industries GmbH）是这一领域的先行者。TBi 高性能机器人焊枪系统，已与 KUKA、MOTOMAN、ABB、FANUC、PANASONIC、REIS、OTC 等机器人成功配套。

3.3.1 林肯机器人焊机的参数设置

林肯焊机的焊接参数在与 FANUC 机器人集成的系统中，所有的焊接参数均是通过示教器来设定的。在示教器单击图 3-10 中的 DATA 键，打开如图 3-11 所示的焊接条件设置画面。在这个画面中用户可以设置多达 32 种的焊接技术参数，图中所示的 4 列分别是序号、电压、电流和焊接速度。后 3 列就是机器人焊接系统需要设置的 3 种主要焊接工艺参数。直接移动光标，将图 3-11 中高亮显示的 18.0 数字删除，即呈现电压设置前的画面，用数字键输入数据，在按 ENTER 键确认之前，在画面的下方电压栏将一直显示上次的电压值，如图 3-12 所示。

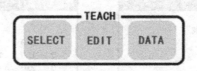

图 3-10 焊接参数设置启动按钮

输入合理的电弧电压数据并按 ENTER 键，即完成了电压的设定，在画面下方显示设定的电压值，如图 3-13 所示。将光标横向移动到第 3 列，即显示电流设定前的画面，如图 3-14 所示。

同样，在输入焊接电流数据并按回车键确定后，即完成电流的设定，如图 3-15 所示。将光标移动到第 4 列，按同样操作步骤，可以完成焊接速度的设定，速度单位为 cm/min，如图 3-16 所示。

3.3.2 Invertec$^®$ CV350-R 林肯焊机的日常保养

1. 焊机日常保养的基本规程

焊机是一种在比较恶劣的环境下连续使用的机电设备，只有在认真执行三级保养制度、

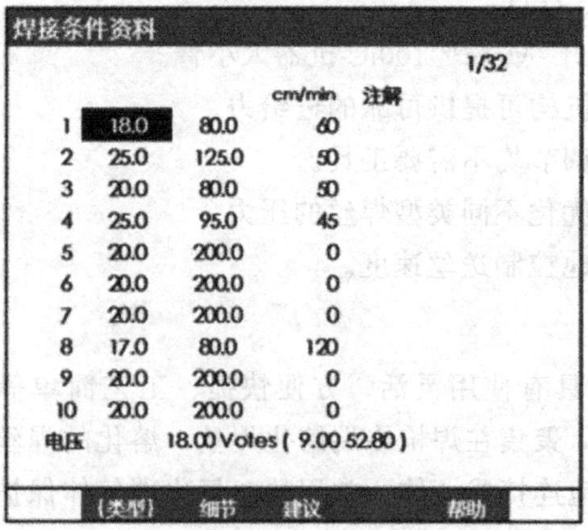

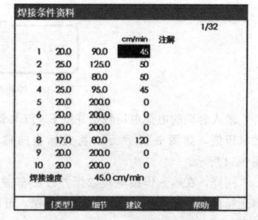

图 3-11 焊接参数设定初始界面

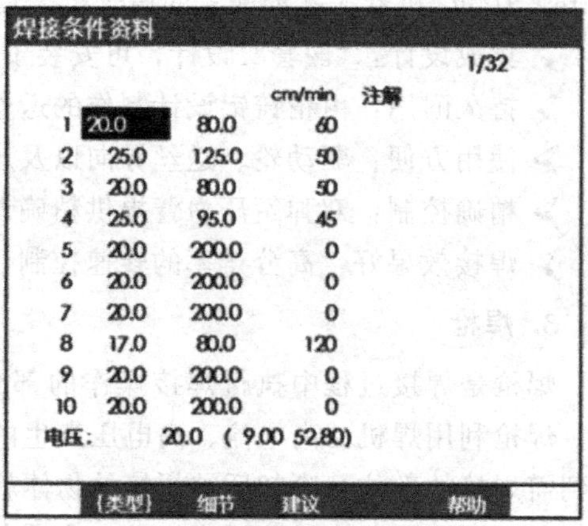

图 3-12 电压设定前画面

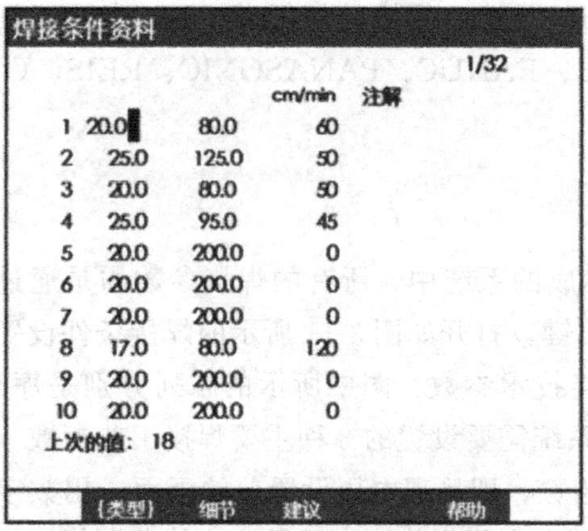

图 3-13 电压设定后画面

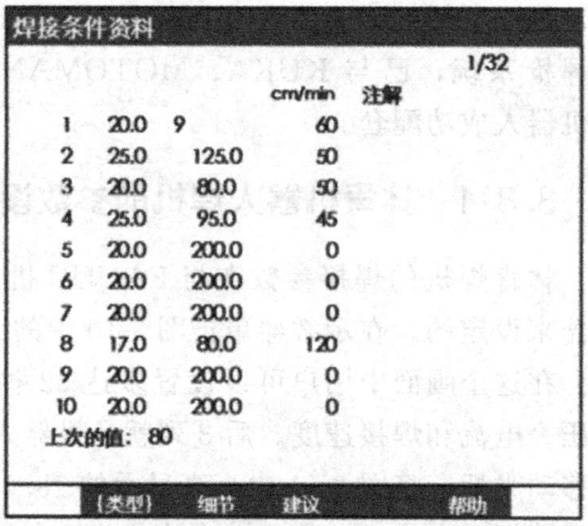

图 3-14 电流设定前画面

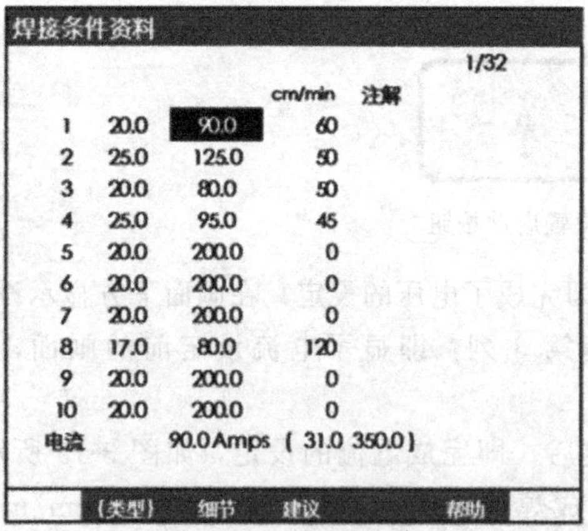

图 3-15 电流设定后画面

图 3-16 焊接速度设定后画面

做好科学精心保养，才能延长焊机的使用质量和使用寿命。

① 交接班时的保养：交接班时，交班人员在接班人员到达作业现场后，应进行技术交底，将设备状态、运行情况告知接班人。交接班人员应共同对焊机进行检查，确认无异常情况后，方可填写运转记录、交接班记录，完成交接。

② 工作期间的保养：在工作前、中、后进行例行保养，清洁焊机的外部卫生，检查焊机的焊钳焊嘴、焊丝、电器开关和紧固连接件。

③ 一级保养：一级保养由操作者完成，焊机每运转 500h，除完成工作期间保养规定的内容之外，还需检修电焊机的电缆线是否完好。

④ 二级保养：以维修电工、维修钳工为主，操作者配合，运转 3000h 进行。应完成电焊机风扇的内部清洁和检修，焊机控制开关的检修。

2. Invertec® CV350-R 林肯焊机的使用

（1）输入电源和接地连接

Invertec® 系列焊机的电源和接地连接必须符合焊机背后所列示的连接线路图，否则可能导致人身伤害甚至死亡。参照图 3-17 将三相供电的三根导线（火线）应穿过输入接线架中的三孔，并分别被夹紧和固定，并确保在输入连接后所提供的电源能够充分地适合于本机的正常运作过程。

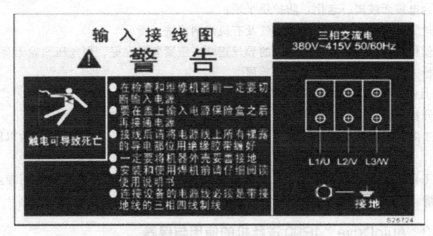

图 3-17　输入电源和接地的正确连接

（2）工件连接

选择规格和长度充分满足要求的工件导线，将其连接于焊接电源的输出端和工件之间。确保工件的连接形成紧密的金属对金属的电气接点，以免工作导线连接不良影响焊接效果。

（3）送丝机连接

按图 3-18 完成焊机与送丝机的连接。为了避免与其他设备产生干扰，也为了获得最佳的运行效果，电缆应直接引向工件或送丝机，同时避免电缆线过长，以免多余的电缆线呈盘卷状。

3. Invertec® CV350-R 林肯焊机保养要点

① 每班交接班后，投入生产前，应认真检查项目：

➤ 电缆连接的正、负极电缆连接可靠；

➤ 导电嘴无磨损、烧损现象；

➤ 焊枪无死弯、无破损、连接可靠；

➤ 焊接电流电压匹配正确，电弧力适当；

➤ 检查电源指示灯、故障灯、风机、电压电流的指示、电弧表现。

② 每周第一天的第 1 班生产前，应认真检查完成以下事项：

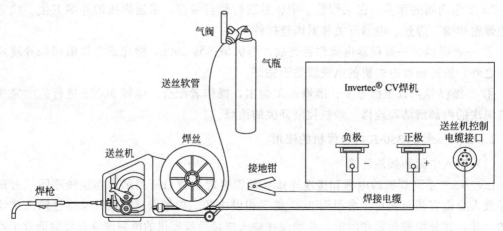

图 3-18　送丝机连接

➤ 综合电缆无破损、老化，防护层平顺；

➤ 导丝管清洁完好，并用压缩空气及有机溶剂清洗；

➤ 送丝机构的出口嘴和中间部位的导丝正常、压紧装置完好、焊丝压紧轮无磨损；

➤ 焊枪完好，并清除灰尘及金属碎屑。

③ 每月生产前认真完成以下内容：

➤ 打开机身盖板进行检查焊机及送丝机各部件，并用压缩空气进行清扫；

➤ 电工测量焊机的空载电压、电流，如发现问题立即处理，并加负载试验以验证各项功能；

➤ 电工目测检查元器件有无变色、开裂、焦黄、烧蚀等情况，并进一步用专业工具检测有无短路、开路、击穿，检查主线包、初级线圈绝缘是否良好。

3.3.3　AutoDrive™4R90 送丝机的使用与保养

送丝机是焊接设备的重要组成部分，在进行焊机日常保养时，应同时进行送丝机的保养。除此之外，还应重点注意送丝机的电动机使用和保养。

➤ 电动机外表应保持清洁，进风口不应有尘土、纤维等阻碍物。

➤ 当电动机连续发生热保护动作时，应查明故障原因，消除故障后，方可投入运行。

➤ 应保证电动机的良好润滑。一般运行 5000h 左右，应补充或更换润滑脂；运行中发现轴承过热或润滑蜕变时，也应及时换润滑脂。

➤ 轴承寿命终了时，电动机运行振动及噪声将明显增大，即应更换轴承。

3.3.4　TBi 焊枪的日常保养

焊枪的基本组成如图 3-19 所示。

1. 焊枪使用注意事项

➤ 每次使用焊枪前，应检查喷嘴、导电嘴、导电嘴安装基体、喷嘴绝缘套是否正确安装及完好，有无缺失，如有问题及时更换。

➤ 更换送丝管时，检查是否为 TBI 原厂送丝管。送丝管的长度以导电嘴拧到导电嘴安装基体上后，刚好顶到送丝管为标准。

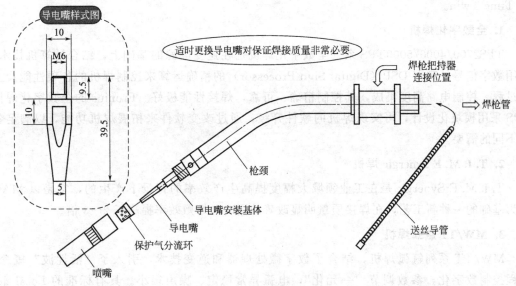

图 3-19　焊枪的基本组成

➤ 焊枪安装时要注意，焊枪和焊枪电缆一定要轻柔顺畅的拧紧，确保枪颈和电缆的导电面紧密接触。

➤ 焊接过程中如出现送丝不畅，应更换送丝管等，并检查送丝机的送丝轮压力是否合理，以免影响送丝和引弧稳定；检查送丝轮是否磨损，以免送丝不顺。

2. 焊枪维护保养

➤ 每天每班需将喷嘴、导电嘴、导电嘴座、喷嘴绝缘套清理 1～2 次。

➤ 每次拧下喷嘴时，应清理喷嘴座和喷嘴螺纹里的焊渣，以减少螺纹磨损，延长焊枪使用寿命。

➤ 定期用压缩空气吹扫送丝管和焊枪，防止焊渣和碎屑影响送丝、损坏焊枪。

➤ 焊接工作前后，都需确保焊枪足够冷却。

3.4　福尼斯焊机的焊接工艺参数设置及日常保养

奥地利福尼斯（Fronius）公司是欧洲著名的焊机制造商，也是世界焊接工业的主导企业。目前已成为大众、宝马等汽车集团全球指定产品，其年销量居欧洲第一。在国内，Fronius 焊机已广泛应用到汽车、铁路机车、航天、造船、军工等高质量要求的行业。在不少大专院校的机器人实验实训室配备有福尼斯焊机，但因福尼斯焊机的功能非常强大，焊机的调试比较复杂，实际利用率非常低。因此，在本书中安排了此章节，以供学校教学参考。

在 TIG 焊方面，Fronius 最先将模糊技术引入到焊接领域，研制成功全球第一套全数字化氩弧焊机。在 MIG/MAG 焊方面，Fronius 开发出全数字化焊机 TransPuls-Synergic，以及普通型 MIG/MAG 焊机 VS 3400-2/4000-2/5000-2 等系列产品，这两种机型均带有专家系统，具有非常优良的焊接性能，可以焊接碳钢、不锈钢、合金钢、铝及铝合金、铜等各种金属。另外，Fronius 还开发了高效高速 MIG/MAG 焊接设备 T. I. M. E Synergic 以及双丝焊机 Time Twin。

1. 全数字化焊机

TPS2700/4000/5000TPS 系列全数字化焊机是在逆变电源的基础上，结合计算机技术，采用数字信号处理器 DSP（Digital Sign Processor）的精确运算来控制焊机的各项性能及工作过程，控制电路高度集成，其控制精确、可靠，焊接性能极好。Fronius 的全数字化焊机 TPS 采用模块化设计，可实现焊机的软件升级，通过改变软件来拓展焊机功能，以满足各种不同的需要。

2. T. I. M. E Synergic 焊机

T. I. M. E Synergic 是在工业领域大幅度提高生产效率的背景下产生的，它是以 MAG 焊为基础的一种新工艺，在焊接质量明显改善的同时，熔敷效率提高了 2～3 倍。

3. MW/TT 氩弧焊机

MW/TT 系列氩弧焊机，结合了数字微处理器和逆变技术，引入了"活性波"概念，过程控制数字化，参数调节"一元化"，电弧异常稳定、噪声很小。具有标准的 Local net Interface 接口，可在焊枪上调节电流、电压等各种焊接参数的 Job maste 焊枪，可以方便地实现自动化操作，以及与机器人的连接控制。

4. Time Twin 双丝焊机

Time Twin（双丝焊）由两台单独的 TPS 增强型电源组成。焊接过程中，作为电极的两根焊丝处在同一保护气体环境下，由两个独立的、相互绝缘的导电嘴送出后熔化，并形成同一熔池。每个电极都能独立地调节熔滴过渡和弧长，可以在很高的焊接速度下实现高度灵活的焊接。

5. CMT 焊接技术

为了避免熔滴穿透，实现无飞溅熔滴过渡和良好的冶金连接，就必须降低热输入量。CMT 焊接技术相对于传统的 MIG/MAG 焊接过程而言，电弧温度和熔滴温度比较"冷"，特点是冷热循环交替。Fronius 公司通过协调送丝监控和过程控制实现了焊接过程中"冷"和"热"的交替，从而实现焊接机器人在 MIG/MAG 焊接中的无飞溅焊接，以及钎焊 0.3mm 超薄板。

下面以全数字化焊机 TPS2700 为例阐述福尼斯焊机的基本操作和保养，以期初学者可以了解和掌握福尼斯焊机的使用要领。

3.4.1 TPS2700 焊接电源的基本组成

TransPuls Synergic 2700 是微处理器控制的数字化逆变焊接电源，集成有一个四轮送丝驱动装置，电源和送丝机之间的综合管线被省去，TPS 2700 这种紧凑的结构样式尤其适用于移动作业。在构建焊接机器人系统时可以不配置送丝机，也允许用户使用外部专用送丝机，如图 3-20、表 3-3 所示。

TPS 2700 具备 MIG/MAG 焊、接触式点火的 TIG 焊和焊条电弧焊等多任务处理能力，中央控制系统与信号处理器一起控制整个焊接过程。焊接过程中连续测量实际数据，对任何变化都能及时做出反应，控制算法系统确保焊机始终保持在所需的额定状态。这种焊机可用于钢材、镀锌板材、铬镍不锈钢和铝材的手动和自动焊接。

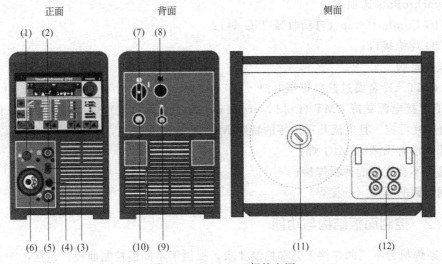

图 3-20　TPS 2700 焊接电源

表 3-3　TPS 2700 焊接电源组成及功能

序号	名称	功能
(1)	LocalNet 接口	系统扩展(如遥控器、JobMaster 焊枪等)的标准化连接插口
(2)	(十)-卡口式连接的电流插口	在 TIG 焊时连接地线 在焊条电弧焊时连接焊条线或地线(根据焊条类型的不同)
(3)	焊枪控制线接口	用于连接焊枪的控制线插头
(4)	盲板	备用口遮挡
(5)	(一)-卡口式连接的电流插口	在 MIG/MAG 焊时连接地线 作为 TIG 焊枪的电流接口 在焊条电弧焊时连接焊条线或地线(根据焊条类型的不同)
(6)	焊枪接口	用于连接焊枪
(7)	总开关	用于接通或关闭焊接电源
(8)	盲板	设计作为 LocalNet 接口
(9)	保护气体接口	连接保护气输入管
(10)	带应变消除装置的电源线	连接供电电源
(11)	带制动的焊丝盘架	用于支承最重 16kg (35.27 lb)且直径最大为 300mm (11.81in)的标准焊丝盘
(12)	四轮送丝驱动装置	推送焊丝

TPS 2700 焊接加工不同的材料，需要使用与每种材料相配的焊接程序，主要的焊接程序可以在焊接电源的控制面板上直接调用。

(1) 铝焊电源

TPS2700 提供专门的铝焊程序为铝焊加工服务，需要配备以下选项。

➢ 专用铝焊程序；

➢ SynchroPuls 选项。

(2) 铬镍焊接电源

专门的铬镍焊接程序能够完美节能地焊接铬镍不锈钢，配备有以下选项：

➢ 专用铬镍焊接程序；

➤ SynchroPuls 选项；

➤ TIG-Comfort-Stop（自动收弧 TIG 焊）；

➤ TIG 焊枪接口；

➤ 气体磁阀。

（3）CMT（冷金属过渡）焊接电源

CMT 焊接电源支持 CMT（Cold Metal Transfe 冷金属过渡）焊接技术，是一种热输入低、熔滴过渡可控、且电流几乎为零的特殊 MIG 短电弧焊工艺，适用于：

➤ 几乎没有飞溅的 MIG 焊；

➤ 几乎不会变形的薄板焊接；

➤ 钢与铝的焊接（钎接焊）。

3.4.2 控制面板结构与功能

福尼斯焊机为不同的焊接工艺和控制要求，提供了不同的控制面板，包括：

➤ Standard 控制面板；

➤ Comfort 控制面板；

➤ US 控制面板；

➤ TIME 5000 Digital 控制面板；

➤ CMT 控制面板；

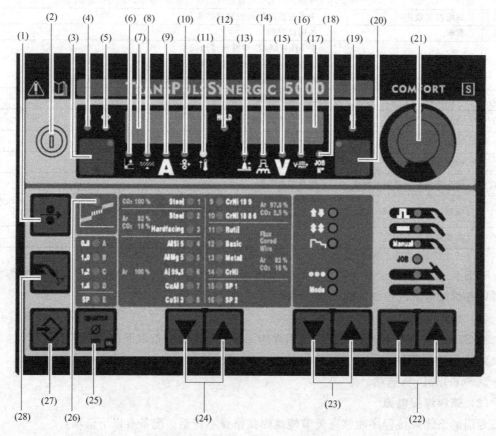

图 3-21 Fronius Comfort 控制面板

➤ Yard 控制面板；

➤ Remote 控制面板；

➤ CMT Remote 控制面板。

下面以 TPS2700 通常配置的 Comfort 控制面板，以及机器人焊接需要的 Remote 控制面板为例进行阐述。

1. Comfort 控制面板

Comfort 控制面板组成如图 3-21 所示，各按键功能如表 3-4 所示。

表 3-4　Fornius Comfort 控制面板功能键

序号	按键名称	功能
(1)	点动送丝	在不通气也不通电的情况下将焊丝送入焊枪口—综合管线 长时间按下"点动送丝"键即结束送丝，提示信息将显示在设置菜单的"Fdi"参数下
(2)	钥匙开关	钥匙在水平位置时，以下项目禁用 -用"焊接方式"键（22）选择焊接工艺 -用"操作模式"键（23）选择操作模式 -用"焊材类型"键（24）选择填充材料 -用"存储"键（27）进入设置菜单
(3)	参数选择	用于选择以下参数： ![图标] a 尺寸，取决于设定的焊接速度 ![图标] 板厚，板厚单位为 mm 或 in ![图标] A 焊接电流，焊接电流单位为 A。开始焊接之前自动显示从编程参数中得出的标准值，焊接过程中显示当前实际值 ![图标] 送丝速度，单位为 m/min 或 ipm ![图标] F1 显示，用于显示推拉丝驱动装置的电流消耗 ![图标] 送丝机驱动装置电流消耗显示，显示送丝机驱动装置的电流消耗 如果"参数选择"键（3）和旋钮（21）上的指示灯亮起，则可以用旋钮（21）更改显示的/选中的参数 如果选定某一个参数，在采用 MIG/MAG 一元化脉冲焊工艺和 MIG/MAG 一元化直流焊工艺时，其他参数将基于一元化功能随之自动调整
(4)	"F1 显示"LED 指示灯	如果选定参数"F1 显示"，则亮起
(5)	"送丝机驱动装置电流消耗显示"LED 指示灯	如果选定参数，则"送丝机驱动装置电流消耗显示"，则亮起
(6)	"a 尺寸"LED 指示灯	如果选定参数"a 尺寸"，则亮起
(7)	左侧数字显示屏	
(8)	"板厚"LED 指示灯	如果选定"板厚"参数，则亮起
(9)	"焊接电流"LED 指示灯	如果选定"焊接电流"参数，则亮起
(10)	"送丝速度"LED 指示灯	如果选定"送丝速度"参数，则亮起
(11)	过热显示	如果焊接电源过热（如由于启动时间过久），则亮起

续表

序号	按键名称	功能
(12)	HOLD 显示	如果在每次焊接结束时,都需将保存焊接电流和焊接电压的当前实际值则亮起
(13)	"弧长修正"LED 指示灯	如果选定参数"弧长修正"则亮起
(14)	"熔滴分离修正/ 动态修正/ 动态"LED 指示灯	如果选定参数"熔滴分离修正/ 动态修正/ 动态",则亮起
(15)	"焊接电压"LED 指示灯	如果选定"焊接电压"参数,则亮起
(16)	"焊接速度"LED 指示灯	如果选定参数"焊接速度",则亮起
(17)	右侧数字显示屏	
(18)	"作业编号"LED 指示灯	如果选定参数"作业编号",则亮起
(19)	"F3 显示"LED 指示灯	如果选定参数"F3 显示",则亮起
(20)	参数选择	用于选择以下参数: [图标] 弧长修正:用于修正弧长 [图标] 熔滴分离修正/ 动态修正/ 动态:在不同的焊接工艺时有不同功能 [图标] 焊接电压:焊接电压单位为 V,开始焊接之前自动显示从编程参数中得出的标准值。焊接过程中显示当前实际值 [图标] 焊接速度:焊接速度单位为 cm/min 或 ipm(是参数"a 尺寸"的必要参数) [JOB N°] 作业编号:在作业模式下通过作业编号调出已存的参数组 [F3] F3 显示:用于显示现有冷却器 FK 4000 Rob 上的冷却液流量 如果"参数选择"键(20)和旋钮(21)上的指示灯亮起,则可以用旋钮(21)更改显示的/ 选中的参数
(21)	旋钮	用于更改参数。如果旋钮上的指示灯亮,则可以更改选中的参数
(22)	焊接方式	用于选择焊接工艺 [图标] MIG/MAG 一元化脉冲焊 [图标] MIG/MAG 一元化直流焊 [Manual] MIG/MAG 标准手工焊 [JOB] 作业模式 [图标] 接触式引弧的 TIG 焊 [图标] 焊条电弧焊 在选定了焊接工艺之后,相应符号上的 LED 指示灯亮起

续表

序号	按键名称	功能
(23)	操作模式	用于选择操作模式 2 步模式 4 步模式 特殊 4 步模式(焊铝专用) 点焊操作模式 **Mode** 自定义操作模式 在选定了操作模式之后,相应符号后面的 LED 指示灯亮起
(24)	焊材类型	用于选择焊接时使用的填充材料和保护气体。参数 SP1 和 SP2 用于其他材料 在选定了焊材类型之后,相应填充材料后面的 LED 指示灯亮起
(25)	焊丝直径	用于选择所使用的焊丝直径。参数 SP 用于其他焊丝直径 在选定了焊丝直径之后,相应直径后面的 LED 指示灯亮起
(26)	过渡电弧显示	在短电弧和喷射电弧之间会产生一种飞溅多发的过渡电弧。为了提示这一焊接效果不佳的阶段,过渡电弧显示亮起
(27)	存储键	进入设置菜单
(28)	气体检测	用于调节气流计上的气体流量 按下"气体检测"键后气体将流通 30 s。再次按下该键,可提前中断通气

2. 组合键操作

组合键:同时或重复按下某些按键可以调出表 3-5 所述的特殊功能。

表 3-5　Fornius Comfort 控制面板组合键功能

序号	名称	组合键图标	操作说明
1	显示设定的点动送丝速度		如:Fdi｜10 m/min 或 Fdi｜393.70 ipm,使用旋钮更改点动送丝速度,按下存储键退出
2	显示预通气时间和滞后停气时间		显示设定的预通气时间(如:GPr｜0.1s)。用旋钮更改预通气时间,随后按下"焊接方式"键(22),显示设定的滞后停气时间(如:GPo｜0.5 s)。用旋钮更改滞后停气时间,按下存储键退出

序号	名称	组合键图标	操作说明
3	显示软件版本		除显示软件版本外，还可以使用该特殊功能调出焊接数据库的版本号、送丝机编号、送丝机软件版本以及电弧燃烧时间 显示软件版本后，按下"焊材类型"键(24)，显示焊接数据库的版本号(如：0｜029＝M0029)。再次按下"焊材类型"键(24)，显示送丝机编号，以及送丝机软件版本(如：A 1.5｜0.23)

3.4.3　MIG/MAG 一元化焊

以 Comfort 控制面板对 MIG/MAG 一元化焊（脉冲/直流）所需的输入加以说明。

① MIG/MAG 一元化焊用"焊接方式"键选择所需的焊接工艺。

➤ MIG/MAG 一元化脉冲焊。

➤ MIG/MAG 一元化直流焊。

② 用"焊材类型"键选择所使用的填充材料和保护气体：SP1 和 SP2 的分配取决于焊接电源的现有焊接数据库。

③ 用"焊丝直径"键选择焊丝的直径：SP 的分配取决于焊接电源的现有焊接数据库。

④ 用"操作模式"键选择所需的 MIG/MAG 操作模式。

➤ 2 步模式：。

➤ 4 步模式：。

➤ 特殊 4 步模式(铝焊专用)：。

➤ 点焊：。

⑤ 用"参数选择"键选择预先规定焊接功率时所需的焊接参数。

➤ a 尺寸：。

➤ 板厚：。

➤ 焊接电流：。

➤ 送丝速度：。

⑥ 用旋钮将选定参数调整到所需值。参数值显示在位于上方的数字显示屏上。

参数"a 尺寸"、"板厚"、"焊接电流"、"送丝速度"和"焊接电压"相互关联。当改变一个参数时，其他参数均随之变化。原则上，用旋钮或焊枪上的调节键设定的所有参数额定值将一直保存到下一次更改。期间可以关机再开机，所有参数仍然保持不变。

⑦ 开启气瓶阀门，设置保护气体流量：按下"气体检测"键，转动保护气流量计底部的调整螺栓，直到压力表显示所需的气量。

⑧ 按下焊枪键并开始焊接。

⑨ 焊接模式下的修正。为了达到最佳焊接效果，在某些情况下还进行修正参数。

3.4.4　TPS 2700 基本调试

以气冷式 MIG/MAG 焊接工艺来简要说明 TPS 2700 焊接电源的调试过程。

1. 连接气瓶

① 将气瓶放置在平坦、坚固的底座上。

② 固定气瓶防止翻倒，但不要在瓶颈位置固定。

③ 去除气瓶的保护盖。

④ 短暂开启气瓶阀门，从而清除周围的污垢。

⑤ 检查保护气流量计上的密封件。

⑥ 将保护气流量计安装在气瓶上并拧紧。

⑦ 用气管将保护气流量计与焊接电源上的保护气体接口相连。

2. 建立接地连接

① 将地线连接在 TPS 2700 上。

② 将地线插入（一）电流插口并锁闭。

③ 地线的另一端与工件相连。

3. 连接焊枪

① 将正确装配的焊枪用导入管向前插入焊枪接口。

② 手动拧紧锁紧螺母，固定焊枪。

③ 将焊枪控制线插头插入焊枪控制线接口并锁闭。

3.4.5　福尼斯机器人焊接模式

为了能够通过机器人控制系统控制焊接电源，焊接电源上必须装有机器人接口或现场总线系统。如果机器人接口 ROB 4000/ 5000 或现场总线系统已连接，则焊接电源自动选择 2 步模式。当机器人接口或现场总线从 LocalNet 中断开后，才能通过"操作模式"键更换操作模式。

如果机器人接口为 ROB 3000，则可以选择所有操作模式，如 2 步模式、4 步模式、特殊 4 步模式等。机器人焊接模式的更多信息可以查阅机器人接口或现场总线系统的操作说明书。

如果机器人接口或现场总线系统与 LocalNet 相连，就可以使用"特殊 2 步模式"功能。机器人接口特殊 2 步模式的工作原理如图 3-22 所示。图中各阶段含义如下。

① I-S 为起弧电流阶段，SL 为衰减段，I-E 为收弧阶段。

② t-S 为起弧电流持续时间，t-E 为收弧电流持续时间。

③ Signal 为机器人信号控制，ON 表示焊接开始，OFF 表示焊接停止。

1. Wire-Stick-Control 焊丝防粘功能

如果机器人接口或现场总线系统与 LocalNet 相连，就可以使用 Wire-Stick-Control 功能。焊接结束之后，Wire-Stick-Control 功能能够检测出是否有焊丝仍然连接着凝固的熔池。如果在焊接结束后 750ms 的时间内检测到仍然有粘连，则发出错误信息"Err ｜054"。

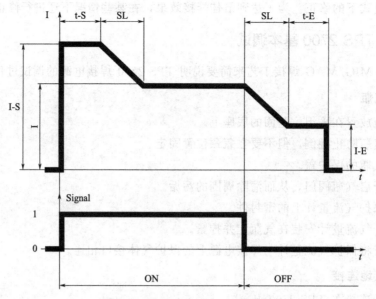

图 3-22 特殊 2 步模式工作原理

2. 焊丝粘连的处理方式

① 剪断粘连的焊丝,错误信息 "Err ┃ 054" 不必应答。

② 焊接电源准备就绪。

③ 出厂时没有激活 Wire-Stick-Control 功能,必要时可在设置菜单:第 2 级中激活 "Wire-Stick-Control" 功能("Stc ┃ ON")。

3. 保护气体设置

保护气体设置步骤如图 2-23 所示,操作如下。

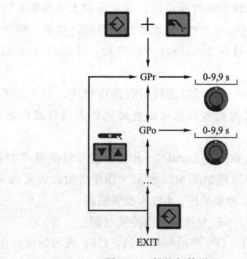

图 3-23 保护气体设置

① 进入 " 保护气体 " 设置菜单。

➢ 按住存储键。

➢ 按下 " 气体检测 " 键。

➢ 松开存储键。

焊接电源此时处于"保护气体"设置菜单中，显示最近选择的参数。

② 更改参数

➢ 用"焊接方式"键选择所需参数。

➢ 用旋钮更改参数值。

③ 退出设置菜单

➢ 按下存储键。

4. "焊接方式"设置

焊接方式设置步骤如图 3-24 所示，操作如下。

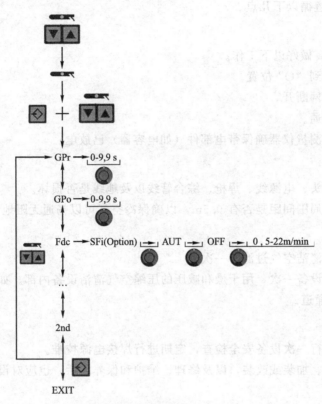

图 3-24　焊接方式设置

通过"焊接方式"设置菜单可以快捷地访问焊接电源中的专家选项以及附加功能，在"焊接方式"设置菜单中可以根据各种焊接任务轻松调整参数。只能通过 Comfort、US 和 TIME 5000 Digital 和 CMT 控制面板进入"焊接方式"设置菜单。下面以 MIG/MAG 一元化直流焊工艺的焊接方式参数的设置为例说明，其他焊接工艺参数的操作过程相同。

① 进入"焊接方式"设置菜单

➢ 用"焊接方式"键选择"MIG/MAG 一元化直流焊"工艺。

➢ 按住存储键。

➢ 按下"焊接方式"键。

➢ 松开存储键。

焊接电源此时处于"MIG/MAG 一元化直流焊工艺"设置菜单中，并显示最近选择的参数。

② 更改参数

➤ 用"焊接方式"键选择所需参数。

➤ 用旋钮更改参数值。

③ 退出设置菜单

➤ 按下存储键。

3.4.6　Fornius 焊机维护保养

福尼斯焊接电源在正常的运行条件下只需要很少的维护和保养工作，但是为了保证焊机的使用寿命，必须遵循以下几点。

1. 安全操作

拆开设备之前，做好以下工作。

① 将总开关拨到"O"位置。

② 将设备与电网断开。

③ 防止再次接通。

④ 借助合适的测量仪器确保带电部件（如电容器）已放电。

2. 日常保养

① 检查电源插头、电源线、焊枪、综合管线以及地线是否损坏。

② 检查设备的周围间距是否有 0.5m，以确保冷空气可以畅通无阻地自由流动。

3. 周期性保养

① 每两个月，清洁空气过滤器一次。

② 每半年打开设备一次，用干燥和减压的压缩空气清洁设备内部。如果灰尘堆积太多，还需要清洁冷空气通道。

4. 年度保养

① 每年至少进行一次设备安全检查，定期进行焊接电源校准。

② 在设备更改、加装或改装，以及修理、维护和保养之后，也应对设备进行安全检查，校准电源。

3.5　麦格米特焊机的焊接工艺参数设置及日常保养

麦格米特焊机国产的高端产品，有 Artsen PM/CM 和 Ehave 两大系列。Artsen PM/CM 系列产品是面向专业用户设计的全数字 IGBT 逆变 CO_2/MAG/MIG 多功能焊接电源，与采用全数字控制的送丝机连接后，可采用多种焊接加工工艺完成多种工作任务。

① 可选择包括基于实时能量控制的直流、脉冲及双脉冲在内的多种智能焊接控制方法，也可以定制特殊焊接控制方法。

② 可用于包括碳钢、不锈钢、铝合金等多种焊接材料在内的实芯焊丝和药芯焊丝的焊接。

③ 可与包括机器人和智能工装在内的自动化装备配合使用。

④ 可与本公司的焊接小车配合实现移动作业，以及与本公司的水冷设备配合更好地冷却焊枪。

Ehave 系列产品是全数字工业重载 $CO_2/MAG/MMA$ 智能焊接机，广泛适用于轨道交通、汽车、造船、钢结构、集装箱、机械、五金等行业，工业重载恶劣环境的各种碳钢焊接加工领域。

下面以常用的 CO_2/MAG 气保焊机 Ehave CM350 和 $CO_2/MAG/MIG$ 焊机 Artsen PM 500A 为例进行阐述。

3.5.1　焊机控制面板

1. Ehave CM350 控制面板

Ehave CM350 是一款常用的全数字的工业重载气保焊机，具有以下特点。

① 同一台焊机既适用于小电流打底焊接，也适合大电流高熔敷率工作。

② 电弧集中、穿透力强。同样的熔深热量输入降低 20％以上，热变形极小。

③ 间隙搭桥能力强、干伸长不敏感，适应全位置焊接及新手焊接。

④ 采用熔滴缩颈检测与控制微观技术，在最后一滴熔滴过渡后迅速切断输出，焊丝根部无小球。

⑤ 一次性起弧成功率极高，提高作业效率。

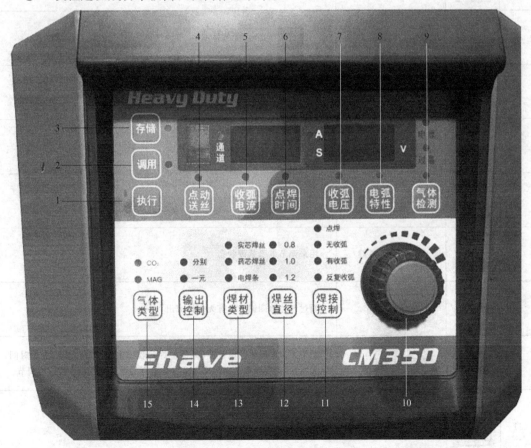

图 3-25　Ehave CM350 焊机控制面板

⑥ 直接在焊机面板上快捷设置焊接参数密码锁定、各种工艺参数和拓展功能。

⑦ 具有 10 套焊接参数的储存调用功能，并可定制最大扩展至 99 组。

⑧ 配置有 CAN 及衍生协议机器人数字接口，可定制更多的焊接工艺与软件升级。

⑨ 可选配开通与机器人通信连接功能。

图 3-25 为 Ehave CM350 控制面板，分为上下两部分。上半部分存储、调用和执行为程序文件操作键，其他为输入型按钮，可连续调整数据参数或连续控制相应动作。下半部分为切换按键，可在按键上方给定的选项中进行切换。右下方为调节旋钮，用于手工调节参数、控制相关动作。各按键的功能和操作方法详细见表 3-6。

表 3-6 Ehave CM350 按键功能

序号	图标	按键名称	功能
1	执行	执行键	1. 用于确认调用和存储的焊接参数 2. 在锁定中用于普通的面板锁定
2	调用	调用键	1. 对存储的焊接参数进行调用 2. 在锁定中用于密码锁定
3	存储	存储键	1. 对选定的焊接参数进行存储 2. 在锁定中用于密码设置
4	点动送丝	点动送丝键	可进行快速送丝，无气体流出，节约气体
5	收弧电流	收弧电流选择键	在有收弧和反复收弧的模式下，调节收弧电流的大小
6	点焊时间	点焊时间选择键	决定点焊时间长短
7	收弧电压	收弧电压选择键	在有收弧和反复收弧的模式下，调节收弧电压的大小
8	电弧特性	电弧特性选择键	用来调节电弧软硬状态
9	气体检测	气体检测键	通过气体检测键检验有无气体流出
10		数值调节旋钮	用于手工电弧焊的电流、气体保护焊的收弧电压、收弧电流、点焊时间、电弧特性、锁定参数的密码输入及参数范围的电流电压锁定数值的调节
11	焊接控制	焊接控制方式切换键	通过焊接控制按键选择焊接的控制方式

续表

序号	图标	按键名称	功能
12	焊丝直径	焊丝直径切换键	通过**焊丝直径**按键选择使用的焊丝的直径大小。如果"焊材类型"为"药芯焊丝",则系统只能匹配直径为 1.2mm 或 1.6mm 的焊丝
13	焊材类型	焊材类型切换键	通过**焊材类型**按键选择焊材。如果"气体类型"已经选择了"MAG",则系统会自动跳过"药芯焊丝"选项。如果"焊材类型"选择"电焊条",则此时系统进入 手工电弧焊模式
14	输出控制	输出控制方式切换键	"分别"表示焊接的电压电流可以单独设置;"一元"表示焊接电压跟随焊接电流的设置而自动变化,其焊接电压只能在系统自动匹配值($\pm9V$)范围内调节。一元化调节时,应将送丝机控制面板上的电压旋钮指针调到标准范围
15	气体类型	气体类型切换键	通过**气体类型**按键选择保护气体类型。其中 MAG 气体是指 80% 的 Ar 与 20% 的 CO_2 的混合气体

2. Artsen PM 500A 控制面板

ArtsenPM 500A 是一种全数字工业重载 CO_2/MAG/MMA 双向数字高速载波通信智能焊接机,专门为超远程焊接设计,是造船、海工、钢结构等大型构件的专业焊机。其控制面板布局与 Ehave CM350 大同小异,如图 3-26 所示。

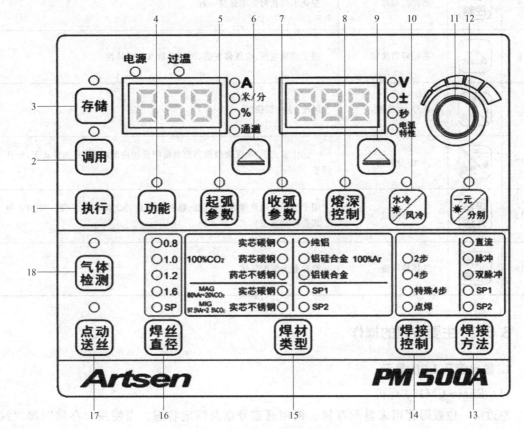

图 3-26　Artsen PM 500A 控制面板

与 Ehave CM350 相比，面板中与程序文件操作相关的存储 存储 、调用 调用 和执行 执行 按键功能相同；与焊接加工工艺相关的焊丝直径 焊丝直径 、焊材类型 焊材类型 、焊接控制 焊接控制 增加了选项内容，同时增加了焊接方法按键供用户选择不同的方法。点动送丝 点动送丝 和面板旋钮 与 Ehave CM350 旋钮功能基本相同。新增或功能变化比较大的部分按键如表 3-7 所示。

表 3-7　Artsen PM 500A 部分按键功能

序号	图标	按键名称	功能
4	功能	功能键	对内部菜单参数进行设定
5	起弧参数	起弧参数键	可查看起弧参数中的起弧电流、起弧送丝速度和起弧电压,可调节起弧百分比、起弧电压、修正值、起弧时间及电弧特性
6	△	左循环切换键	用于切换电流、送丝速度、百分比及通道号
7	收弧参数	收弧参数键	可查看收弧参数中的收弧电流、收弧送丝速度和收弧电压,可调节收弧电流百分比、收弧、电压修正值、收弧时间及电弧特性
8	熔深控制	熔深控制键	变化干伸长时熔深保持一致
9	△	右循环切换键	用于切换电压、电压修正值、时间参数及电弧特性
10	水冷/风冷	风冷/水冷键	风冷/水冷切换键
12	一元/分别	一元/分别键	一元化模式下,系统会根据当前电流配置相应的电压;分别模式下,分开调节
13	焊接方法	焊接方法键	用于选择不同焊接方法(直流、脉冲及双脉冲之间切换。SP1 和 SP2 用于其他焊接方法)
18	气体检测	气体检测键	检验有无保护气体

3.5.2　主要按钮的操作

1. 数码管及 LED 显示

（1）Ehave CM350 焊机

左边第一位数码管用来显示存储、调用通道号以及锁定状态。当使用"存储"和"调用"功能时，"通道"指示灯亮，该数码管显示当前操作的通道号，通道号范围为 0～9。当使用锁定功能时，该数码管显示"L"，表示普通锁定和密码修改；如该数码管在显示"L"的同时通道指示灯闪烁，表示参数范围锁定。

中间 3 位数码管用于显示电流、点焊时间以及指示代码。当电流指示灯"A"亮时，显示电流值；当点焊时间指示灯"S"亮时，显示点焊时间。在锁定和故障状态时，显示相应的指示代码。

右边 3 位数码管用于显示电压、电弧特性以及指示代码。当电压指示灯"V"亮时，显示电压值；在调节电弧特性状态时，显示电弧特性值（范围为-9～+9）。在锁定和故障状态时，显示相应的指示代码。

（2）Artsen PM 500A 焊机

左边数码管用来显示"A"、"米/分"、"%"、"通道"、锁定参数、内部菜单编号及故障代码。左循环切换键在"A"、"米/分"、"%"、"通道"之间循环切换时，相应的 LED 指示灯会亮起。

➢ A：用于显示焊接电流。

➢ 米/分：用于显示送丝速度。

➢ %：表示送丝速度的百分比。

➢ 通道：用于显示存储和调用时的通道号。

右边数码管用来显示"V"、"±"、"秒"、"电弧特性"、内部菜单参数及故障代码。右循环切换键在"V"、"±"、"秒"、"电弧特性"之间循环切换时，相应的 LED 指示灯会亮起。

➢ V：用于显示焊接电压。

➢ ±：电压修正值，用于修正一元化匹配电压。

➢ 秒：用于显示时间相关参数。

➢ 电弧特性：用于显示电弧软硬度。

2. 焊接控制

Ehave CM350 焊机的焊接控制按键下有"点焊"、"无收弧"、"有收弧"和"反复收弧"4 个选项；而 Artsen PM 500A 焊机则有"2 步"、"4 步"、"特殊 4 步"和"点焊"4 个选项。"2 步"模式和"无收弧"模式相当，"4 步模式"与"有收弧"模式相当，"特殊 4 步"模式与"反复收弧"模式相当。但两种焊机的设置操作各有不同，其含义及操作步骤如下所述。

（1）点焊

在 Ehave CM350 焊机和 Artsen PM 500A 焊机均有点焊选项，主要用于定位焊、短时间焊接及薄板焊接。当焊枪开关在点焊时间结束前松开，点焊提前结束；当点焊时间到了焊枪还未松开，则点焊功能结束。Ehave CM350 焊机的点焊逻辑图如图 3-27 所示；Artsen PM 500A 焊机的点焊逻辑图如图 3-28 所示。

Ehave CM350 焊机点焊设置操作步骤如下。

➢ 通过送丝机上电压和电流刻度旋钮调节好焊接电压和焊接电流。

➢ 按下焊接控制按键进入点焊模式。

➢ 按点焊时间键，用面板旋钮调节点焊时间的长短，点焊时间调节范围为 0.1～10s。

按住焊枪开关时电弧产生，松开焊枪开关时电弧熄灭。若设有点焊时间，一直按住开关时，到达设定时间，电弧自动熄灭；小于焊接设定时间，则在松开焊枪同时点焊结束。

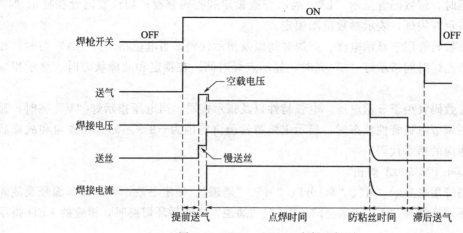

图 3-27　Ehave CM350 点焊逻辑图

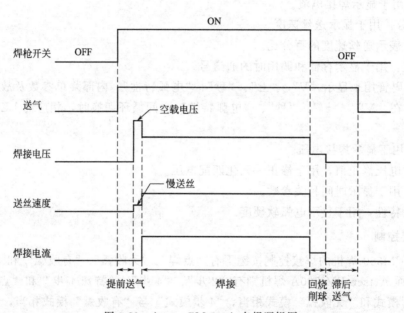

图 3-28　Artsen PM 500A 点焊逻辑图

Artsen PM 500A 焊机的点焊设置相对简单，只需按下焊接控制键切换至点焊模式；用右循环切换键切换至点焊时间"秒"，用面板旋钮设置点焊时间（0.1～10s），按执行键确认，点焊设置完成。

（2）无收弧

在"无收弧"模式下可直接进行焊接，其操作步骤如下。

➤ 通过送丝机上电压和电流刻度旋钮调节好焊接电压和焊接电流。

➤ 按下焊接控制键进入"无收弧"模式。

➤ 按住焊枪开关时电弧产生，松开焊枪开关时电弧熄灭。

（3）有收弧

在"有收弧"模式下进行焊接，可在焊接结束时填补焊接产生的弧坑和弧孔，具体操作步骤如下。

➤ 通过送丝机上电压和电流刻度旋钮调节好焊接电压和焊接电流。

➤ 按下焊接控制键，进入"有收弧"模式。

➤ 按住焊枪开关时电弧产生，松开焊枪开关时焊接电弧进入自锁；再次按住焊枪开关时切换到收弧焊接电弧，再次松开焊枪开关时焊接电弧熄灭。

（4）反复收弧

"反复收弧"模式主要用于收弧时填补弧坑和弧孔，设置操作如下。

➤ 通过送丝机上电压和电流刻度旋钮调节好焊接电压和焊接电流。

➤ 按下焊接控制键，选择反复收弧键，进入"反复收弧"模式。

按住焊枪开关时电弧产生，松开焊枪开关时焊接电弧进入自锁；再次按住焊枪开关时切换到收弧焊接电弧，再次松开焊枪开关时焊接电弧熄灭，2s 后无动作，反复收弧焊接结束；如果 2s 内再次按下焊枪开关，则进入第二次收弧，以此类推。

（5）2 步（无收弧）

起弧参数时间和收弧参数时间都是由焊接电源面板上的时间决定。按下焊接控制键，切换至 2 步（无收弧）模式后，再完成起弧参数和收弧参数的设置。

（6）4 步（有收弧）

起弧参数时间是由焊接机电源面板上的起弧时间决定的，收弧参数时间是由按住焊枪开关时间决定的。按下焊接控制键，切换至 4 步（有收弧）模式，接下来完成起弧参数和收弧参数的设置。

（7）特殊 4 步

起弧参数时间和收弧参数时间是由按住焊枪开关时间决定的。按下焊接控制键，切换至特殊 4 步模式，完成起弧参数和收弧参数的设置即完成。

3. 一元化/分别

（1）一元

系统会根据当前设置的焊接给定电流及一元化电压修正值自动匹配电压。

Artsen PM 500A 焊机的设置操作步骤如下。

➤ 短暂按下"一元/分别"键，当 LED 指示灯点亮时，进入一元化模式。

➤ 将右循环切换键切换至一元化电压修正值"±"。指示灯亮或闪烁时，通过调节送丝机上的电压旋钮或焊接电源上的面板旋钮，可对一元化模式下自动匹配的电压进行微调，如图 3-29 所示。通过右循环切换键可查看匹配电压值和弧长修正值。

一元化中的电压修正值默认值为 0，范围−30～+30。当前焊接给定电压可按式(3-3)计算：

$$当前焊接给定电压＝一元化电压值＋（电压修正值％）×（一元化电压值） \qquad (3-3)$$

Ehave CM350 焊机一元化模式以 30V 为标准点，负方向为降低电压，正方向为升高电压，可调节的范围为±9V，在一元化模式下，因板厚不一样，一元化的焊接电压参数需微调。按下面板中的"输出控制"按键切换至"分别"键，调节送丝机上的电压旋钮至标准参数点 30V；调节好标准点后，再切换至"一元"键，就进入一元化模式焊接。

（2）分别

在 Artsen PM 500A 焊机控制面板中短暂按下"一元/分别"键，当 LED 指示灯灭时，进入分别模式，此时焊接给定电流和电压分开调节。

在 Ehave CM350 焊机的控制面板中按"输出控制"键切换至"分别"选项，通过送丝机上的电压旋钮即可调节焊接电压大小，用电流旋钮调节焊接电流大小。

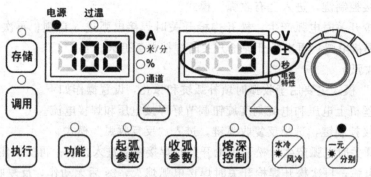

图 3-29   Artsen PM 500A 一元化匹配电压修正值

3.5.3　麦格米特焊机的维护保养

1. 日常检查

坚持日常检查对保持 Ehave CM350 焊机的高使用性能和安全运转至关重要，应根据焊机说明书规定的项目进行日常检查，必要时进行清洁或替换，如表 3-8 所示。

表 3-8　焊接机日常检查内容

项目	检查要点	处理方法
前面板	各机械器具是否受损或松动 下部电缆连接是否紧固 观察故障指示灯是否闪亮	下部端子罩内部作为定期检查项目。如出现不合格情况需要进行焊接机内部检查、补充紧固或更换部件
后面板	输入电源端子罩是否完好 进风口是否通畅无异物	
顶板	检查吊环螺栓或其他螺栓是否有松动	如出现不合格情况需要补充紧固或更换部件
底板	检查轮脚是否损坏或松动	
侧面板	检查侧面板是否松动	
常规	检查外观是否脱色或过热现象 检查焊接机运转时风扇的声音是否正常 检查焊接机运转时、焊接时是否出现异味、异常振动或噪声	如出现异常情况需要进行焊接机内部检查

2. 定期维护与保养

（1）定期维护与保养的安全注意事项

为了确保安全，定期检查必须由具有专业资格的人员来执行；定期检查前必须关闭用户配电箱电源和本机电源，以避免造成触电、烧伤等人身伤害事故。

因为电容放电的缘故，须在焊接机断电 5min 后才能进行检查操作。同时，为了避免半导体部件以及电路板受静电损害，在接触机器内部配线的导体及电路板之前，须佩戴防静电装置，或通过用手触摸机壳的金属部位等方式来预先清除静电。在清洁塑料部件时，只能使用家庭用的中性洗涤剂。

（2）定期维护与保养计划

为保证焊机的长期正常使用，必须进行定期检查和保养。定期检查和保养要对内部进行细致入微检查和清洁。定期检查一般 6 个月进行一次，如焊接现场粉尘较多，或者油性烟雾较大时,定期检查时间应缩短为 3 个月一次。

(3)定期维护和保养内容

定期维护和保养的项目和要求,如表 3-9 所示。

表 3-9 焊机定期维护与保养一览表

项目名称	维护与保养要求
焊接电源内部除尘	拆卸焊接电源顶盖和侧板,先用干燥的压缩空气吹净堆积在焊接电源内部的飞溅和尘埃,然后再清除难以吹出的污垢和异物
焊接电源检查	拆卸焊接电源顶盖和侧板,检查焊接电源有无异味、变色、过热破坏等迹象,检查连接部位是否有松动现象
电缆、气管检查	检查安全接地线、电缆、气管等,需要在日常检查的项目内容基础上进行更加细致的检查,并进行补充紧固

思考与练习题

1. 简述各种焊接类型的特点和应用场合。

2. 什么是焊接工艺评定,简述其评定过程。

3. 简述林肯、麦格米特和福尼斯焊机的特点、适用的焊接材料以及和机器人的通信方式。

4. 实际操作题一:完成本校使用的焊机的相关焊接工艺参数设定操作。

5. 实际操作题二:制订本校使用的焊机的维护与保养计划书(保养规程),完成实际的日常保养。

实例应用篇

第4章 ABB焊接机器人系统的编程与操作

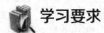 **学习要求**

通过本章学习形成对 ABB 机器人系统焊接的编程基本认识，了解 ABB 焊接示教编程的方法和要点，掌握 ABB 机器人焊接基础编程，并掌握机器人操作的初步技能。应能够根据工件的材料、工件焊接结构特点和焊接质量要求，选用合适的焊接工业机器人系统，完成直线和圆弧轨迹的示教编程，并能够进行实际操作。

4.1 ABB-IRB 机器人编程基础

4.1.1 基本运动指令

ABB-IRB 机器人的基本运动包括直线运动、关节（转轴）运动和圆弧运动，常用程序结构有如下几种。

1. MoveL/MoveJ 程序指令格式

MoveL/MoveJ 指令格式如图 4-1 所示。

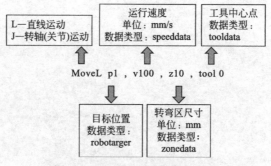

图 4-1 MoveL/MoveJ 指令格式

2. MoveC 程序指令格式

MoveC 指令格式如图 4-2 所示。

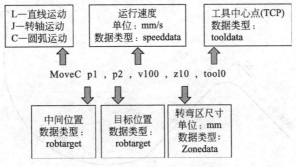

图 4-2　MoveC 指令格式

3. MoveAbsJ 格式类型

MoveAbsJ 指令格式如图 4-3 所示。

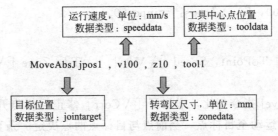

图 4-3　MoveAbsJ 指令格式

4. 基本运动指令中的参变量

➤ [\ Conc,]：协作运动开关（switch）。

➤ ToPoint：目标点（robotarget），默认为 * 。在采用新指令时，目标点自动生成。

➤ Speed：运行速度数据（speeddata）。

➤ [\ V]：特殊运行速度 mm/s，给定运行速度，机器人按照给定速度运行。

➤ [\ T]：运行时间控制 s，给定通过时间，机器人的运行速度由给定的通过时间长短决定。

➤ Zone：运行转角数据（zonedata）。

➤ [\ Z]：特殊运行转角 mm，给定转弯尺寸，单位 mm。

➤ [\ Inpos]：运行停止点数据（stoppointdata）。

➤ Tool：工具中心点（TCP）（tooldata）。

➤ [\ WObj]：工件坐标系（wobjdata）。

4.1.2　基本运动编程实例

1. 关节运动指令

MoveJ [\ Conc,] ToPoint，Speed [\ V] | [\ T]，Zone [\ Z] [\ Inpos]，Tool [\ WObj]；

Move J 指令控制机器人以最高速度、最便捷的路径运动至目标点，机器人运动状态不完全可控，但运动路径保持唯一，常用于机器人在空间大范围移动。如图 4-4 所示，用 MoveJ 指令控制机器人从当前点移动到 P1 点有如下几种程序：

➤ MoveJ p1，v2000，fine；

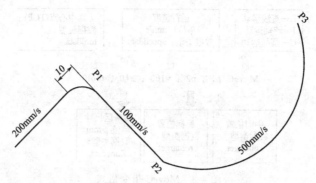

图 4-4　MoveJ/MoveL 指令运动轨迹图

> MoveJ＼Conc，p1，v2000，fine；
> MoveJ p1，v2000＼V：=2200，z40＼Z：=45；
> MoveJ p1，v2000，fine＼Inpos：=inpos50。

2. 直线运动指令

MoveL［＼Conc，］ToPoint，Speed［＼V］｜［＼T］，Zone［＼Z］［＼Inpos］，Tool［＼WObj］［＼Corr］

MoveL 指令与 MoveJ 指令相比，增加了［＼Corr］修正目标点开关选项。指令控制机器人以线性移动的方式运动至目标点，当前点与目标点两点决定一条直线，机器人运动状态可控，运动路径保持唯一，可能出现死点，常用于机器人在工作状态移动。图 4-4 中用MoveL 指令控制机器人从当前点移动到 P1 的程序有如下几种形式：

> MoveL p1，v2000，fine；
> MoveL＼Conc，p1，v2000，fine；
> MoveL p1，v2000＼V：=2200，z40＼Z：=45；
> MoveL p1，v2000，fine＼Inpos：=inpos50；
> MoveL p1，v2000，fine，grip1＼Corr。

3. 圆弧运动指令

MoveC［＼Conc，］CirPoint，ToPoint，Speed［＼V］｜［＼T］，Zone［＼Z］［＼Inpos］，Tool［＼WObj］［＼Corr］

MoveC 指令与 MoveL 指令相比，增加了（CirPoint）中间点选项。指令控制机器人通过中间点以圆弧移动方式运动至目标点，当前点、中间点与目标点三点决定一段圆弧，机器人运动状态可控，运动路径保持唯一，常用于机器人在工作状态移动。如图 4-5 所示的圆弧运动轨迹可以用如下程序段实现：

> MoveC p1，p2，v2000，fine；
> MoveC＼Conc，p1，p2，v200＼V：=500，z1＼z：=5；
> MoveC p1，p2，v2000，z40，grip1＼WObj：=wobjTable；
> MoveC p1，p2，v2000，fine＼Inpos：=inpos50，grip1；
> MoveC p1，p2，v2000，fine，grip1＼Corr。

但如图 4-6 所示的整圆轨迹不可能通过一个 MoveC 指令完成一个圆，而需要通过如下几条指令的组合来实现：

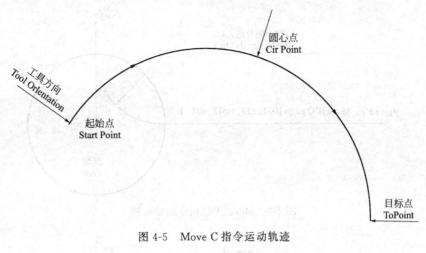

图 4-5 Move C 指令运动轨迹

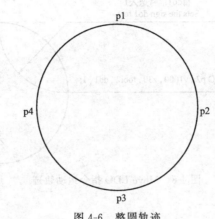

图 4-6 整圆轨迹

➤ MoveL p1, v500, fine, tool1;

➤ MoveC p2, p3, v500, z20, tool1;

➤ MoveC p4, p1, v500, fine, tool1。

4. 有信号输出功能的关节运动指令

MoveJDO ToPoint, Speed [\ T], Zone, Tool [\ WObj], Signal, Value;

目标点（ToPoint）默认为 robotarget，Signal 为数字输出信号名称，Value 为数字输出信号值。本指令与 MoveJ 的功能基本相同，在指令 MoveJ 基础上增加信号输出功能，在目标点将相应输出信号设置为相应值，如图 4-7 所示。

5. 有信号输出功能的直线运动指令

MoveLDO ToPoint, Speed [\ T], Zone, Tool [\ WObj], Signal, Value;

指令控制机器人以线性运动的方式运动至目标点，并且在目标点将相应输出信号设置为相应值，与指令 MoveL 相比，增加信号输出功能，如图 4-8 所示。

6. 有信号输出功能的圆弧运动指令

MoveCDO CirPoint, ToPoint, Speed [\ T], Zone, Tool [\ WObj], Signal, Value;

指令控制机器人通过中间点以圆弧移动方式运动至目标点，并且在目标点将相应输出信号设置为相应值，与指令 MoveC 相比，增加信号输出功能，如图 4-9 所示。

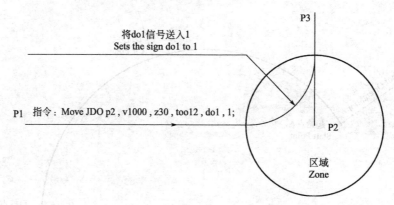

图 4-7　Move JDO 指令运动轨迹

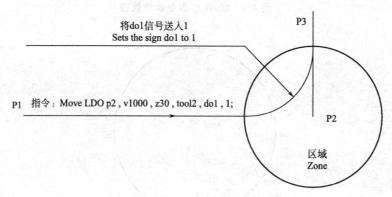

图 4-8　Move LDO 指令运动轨迹

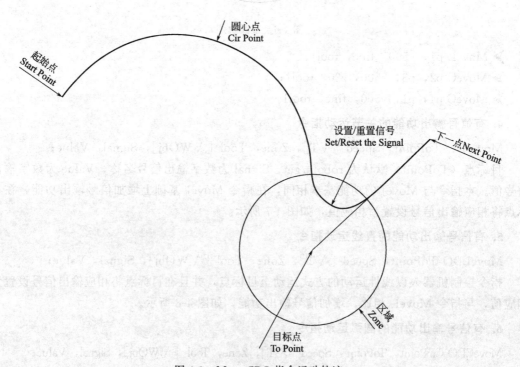

图 4-9　Move CDO 指令运动轨迹

7. 有调用例行程序功能的关节运动指令

MoveJSync ToPoint，Speed［\ T］，Zone，Tool［\ WObj］，Proc；

指令中 Proc 为例行程序名称，字符串（string）数据。指令基本功能与 MoveJ 相同，但增加了例行程序调用功能，如图 4-10 所示。

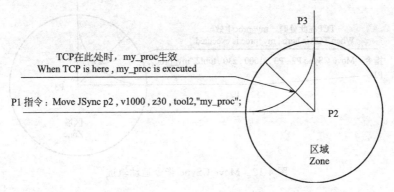

图 4-10   Move JSync 指令运动轨迹

在使用本指令时，需要注意以下几点：

➢ 用指令 Stop 停止当前指令运行，会出现一个错误信息；采用指令 StopInstr 可以避免出错。

➢ 不能使用指令 MoveJSync 来调用中断处理程序 TRAP。

➢ 不能单步执行指令 MoveJSync 所调用的例行程序 Proc。

8. 有调用例行程序功能的直线运动指令

MoveLSync ToPoint，Speed［\ T］，Zone，Tool［\ WObj]，Proc；

机器人以线性运动的方式运动至目标点，并且在目标点调用相应例行程序，与指令 MoveL 相比增加了例行程序调用功能，如图 4-11 所示，与 MoveJSync 指令一样，使用时特别注意以下几点：

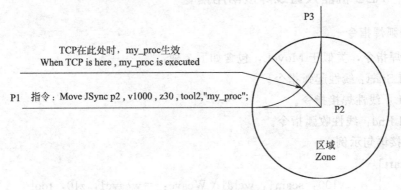

图 4-11   Move LSync 指令运动轨迹

➢ 用指令 Stop 停止当前指令运行，会出现一个错误信息，如需避免，采用指令 StopInstr。

➢ 不能使用指令 MoveLSync 来调用中断处理程序 TRAP。

➢ 不能单步执行指令 MoveLSync 所调用的例行程序 Proc。

9. 有调用例行程序功能的圆弧运动指令

MoveCSync CirPoint，ToPoint，Speed［\ T］，Zone，Tool［\ WObj]，Proc；

在指令 MoveC 基础上增加例行程序调用功能形成的新指令，机器人通过中间点以圆弧移动方式运动至目标点，并且在目标点调用相应例行程序，如图 4-12 所示。注意事项与 MoveJSync 和 MoveLSync 相同。

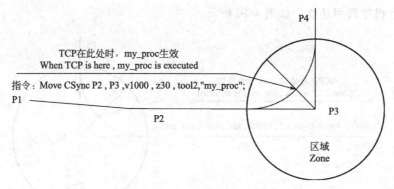

图 4-12   Move CSync 指令运动轨迹

10. 单轴关节运动指令

MoveAbsJ ［\ Conc,］ToJointPos ［\ NoEOffs］, Speed ［\ V］｜［\ T］, Zone ［\ Z］ ［\ Inpos］, Tool ［\ WObj］;

机器人以单轴运行的方式运动至目标点，绝对不存在死点，运动状态完全不可控，避免在正常生产中使用此指令，常用于检查机器人零点位置，指令中 TCP 与 Wobj 只与运行速度有关，与运动位置无关。

4.2   ABB-IRB1400 系统的直线焊接编程与操作

4.2.1   ABB 机器人直线焊接常用指令

1. 直线弧焊指令

直线弧焊指令，类似于 MoveL，包含如下 3 种：

① ArcLStart：线性起弧指令。

② ArcL：线性焊接指令。

③ ArcLEnd：线性收弧指令。

典型焊接语句示例：

ArcLStart
ArcL   ｝ * , v100, seam1, weld1 \ Weave：=weave1, z10, tool
ArcLEnd

2. 弧焊编程要求

弧焊机器人在没有进行弧焊任务的动作时，其编程指令与普通机器人的编程指令是一样的，但是在接近弧焊位置时指令就有所不同了。

① 任何焊接程序都必须以 ArcLStart 或者 ArcCStart 开始，通常以 ArcLStart 为起始语句。

② 任何焊接过程都必须以 ArcLEnd 或者 ArcCEnd 结束。

③ 焊接中间点用 ArcL 和 ArcC 语句。

④ 焊接过程中，不同语句可以使用不同的焊接参数（seam data 和 weld data）。

3. 弧焊参数

Seamdata 是弧焊参数的一种，定义起弧和收弧焊接参数，具体含义见表 4-1。

表 4-1　起弧和收弧参数（Seamdata）定义表

弧焊参数	参数含义
Purge_time	保护气管路的预充气时间
Preflow_time	保护气的预吹气时间
Bback_time	收弧时焊丝的回烧量
Postflow_time	收弧时为防止焊缝氧化保护气体的吹气时间

Welddata 也是弧焊参数的一种，用于定义焊接时的参数，含义见表 4-2。

表 4-2　焊接参数（Welddata）定义表

弧焊参数	参数含义
Weld-speed	焊接时的焊接速度，单位是 mm/s
Weld _voltage	定义焊接电压，单位是 V
Weld_ wirefeed	焊接时送丝系统的送丝速度，单位是 m/min

Weavedata 弧焊参数用于定义摆弧参数，含义见表 4-3。

表 4-3　摆弧参数（Weavedata）定义表

弧焊参数		参数含义
Weave_ shape 焊枪摆动类型	0	无摆动
	1	平面锯齿型摆动
	2	空间三角形型摆动
	3	机器人所有的轴均参与摆动
Weave_ type 机器人摆动方式	0	空间 Sr 字型摆动
	1	仅手腕参与摆动
Weave_length		摆动一个周期的长度
Weave_width		摆动一个周期的宽度
Weave_heigth		空间摆动一个周期的高度

4.2.2　直线焊接编程示例

机器人进行直线焊接时，从轨迹开始点 P20 沿直线轨迹走到焊接开始点 P30，焊机起弧开始直线焊接，枪头走到焊接结束点 P40 点，焊机灭弧停止焊接，但机器人继续沿直线轨迹走到直线轨迹结束点 P50，这就是机器人直线焊接时的运行轨迹与焊缝示意图（见图 4-13）。下面以此轨迹为例，讲解直线焊接的示教编程过程。

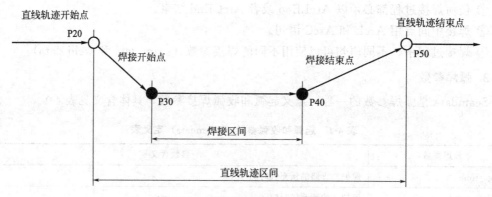

图 4-13　机器人直线焊接运行轨迹

1. 建立程序文件

点击"系统主菜单"→"程序编辑器"，进入程序编辑界面，如图 4-14 所示。

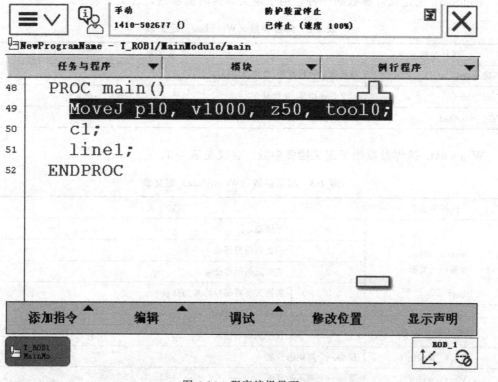

图 4-14　程序编辑界面

点击右上角"例行程序"，进入新建例行程序界面，如图 4-15 所示。在新建例行程序界面中，将光标移动到左下角"文件"，在展开的菜单栏中点击"新建例行程序"，进入定义例行程序界面，如图 4-16 所示。

新建例行程序的名称可以根据用户的需要进行修改和定义，输入名字后，点击画面右下偏中位置的"确定"图标，则进入例行程序界面，如图 4-17 所示。

2. 程序内容的示教编辑

在例行程序界面中，移动光标到刚才新建的例行程序 arcline1，使之高亮度显示。再在

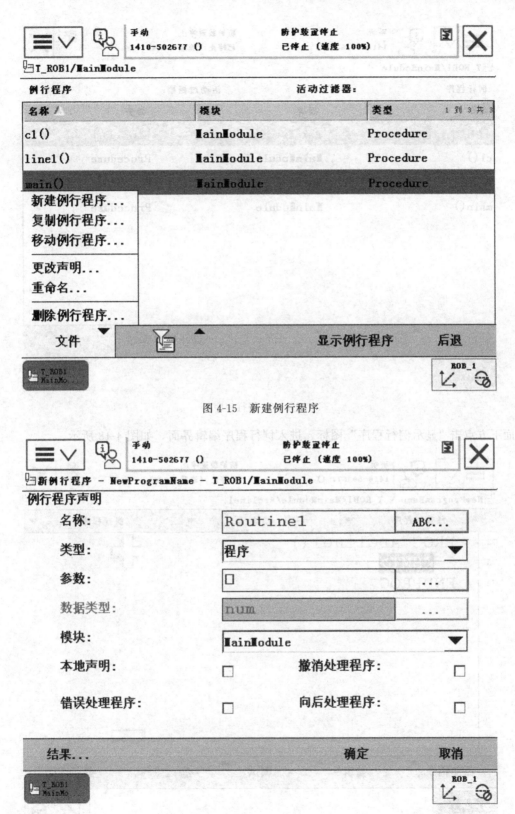

图 4-15　新建例行程序

图 4-16　定义例行程序

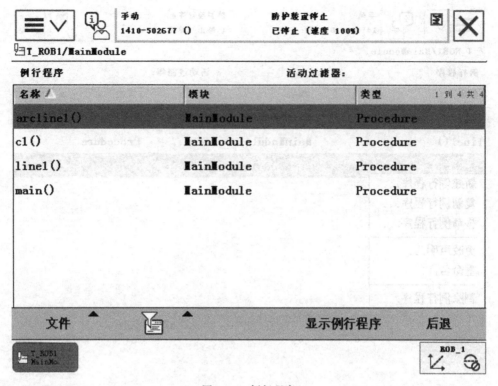

图 4-17 例行程序

界面下方点击"显示例行程序"图标，进入例行程序编辑界面，如图 4-18 所示。

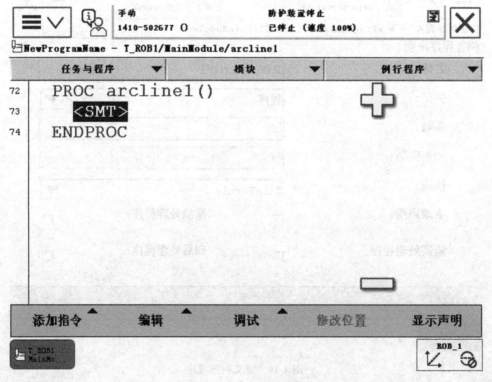

图 4-18 例行程序编辑

按下示教器的"使能按键"，使用移动键或控制杆手动操纵机器人，将焊枪移动到合适位置，再点击例行程序编辑界面左下角的"添加指令"，进入添加指令界面，如图 4-19 所示。

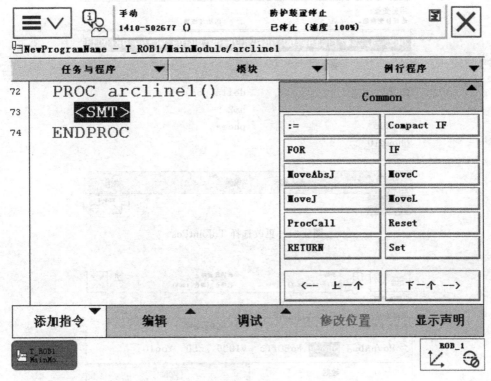

图 4-19 添加指令

点击 Common 栏中的 MoveAbsJ 指令，则程序自动添加这条指令，如图 4-20 所示。

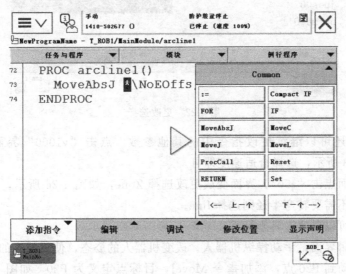

图 4-20 添加 MoveAbsJ 指令

选中 MoveAbsJ 指令后面的"＊"，点击进入更改选择界面，如图 4-21 所示，可以设置运行指令的目标点。新建或选中现有的，点击"新建"，弹出新建数据界面，对目标点进行命名。完成目标点命名后，点击"确定"→"确定"，进入如图 4-22 所示界面。

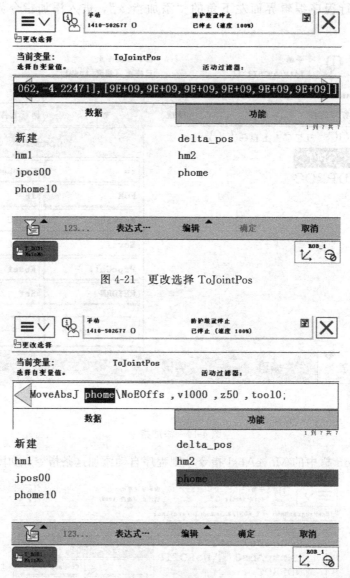

图 4-21　更改选择 ToJointPos

图 4-22　更改选择

在此界面下还可以继续更改指令中的其他参数。点击"v1000"界面变成更改选择 Speed，如图 4-23 所示，选择合适速度即可。

继续在此界面点击"z50"，界面变成更改选择 Zone，如图 4-24 所示，选择合适的转弯半径即可，如果不需要转弯半径则选择 fine。

同样的方法可以更改工具坐标系。

返回程序编辑界面，手动操纵机器人，改变机器人的姿态，使机器人的姿态适合做下面的直线焊接，移动到 P20 点，添加指令 MoveJ，目标点定义为 P20，如图 4-25 所示，其他参数的设置方法和上一条指令相同。

在线性坐标模式下（机器人的姿态不变），手动移动到 P30 点，点击"添加指令"，添加 MoveL 指令，参数设置同上。点击"添加指令"→"例行程序"下方的"Common"，变

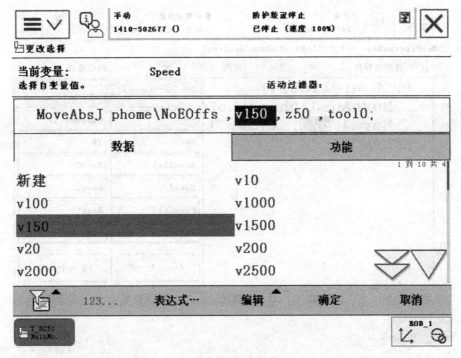

图 4-23　更改选择 Speed

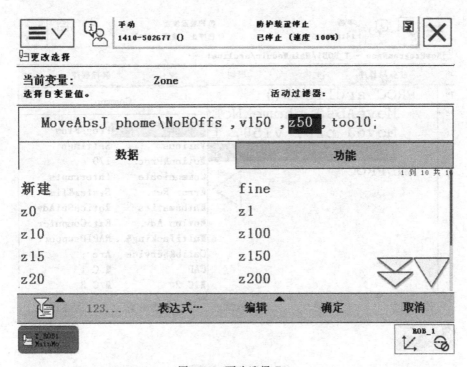

图 4-24　更改选择 Zone

成指令包选择界面，如图 4-26 所示。从出现的选项中点击焊接指令包"Arc"，调出焊接指令如图 4-27 所示，点击"ArcLStart"添加直线起弧指令，出现起弧指令参数设置界面，如图 4-28 所示。

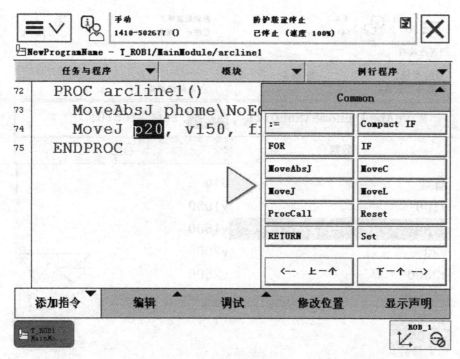

图 4-25　添加指令 MoveJ

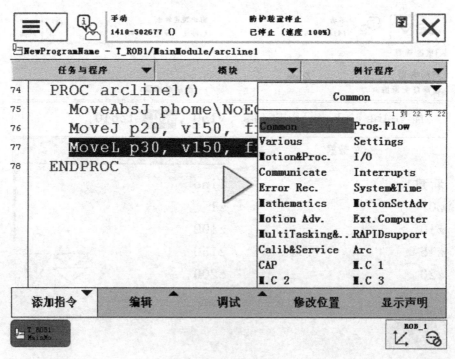

图 4-26　指令包选择

　　选择指令中的参数，建立弧焊参数 Seam 和 Welddata，本指令的目标点仍然是 P30，其他参数同上。继续在线性坐标模式下手动操纵机器人，移动到目标点 P40，添加直线灭弧指令 ArcLEnd，参数设置和起弧指令相同。继续在线性坐标模式下手动操纵机器人，移动到

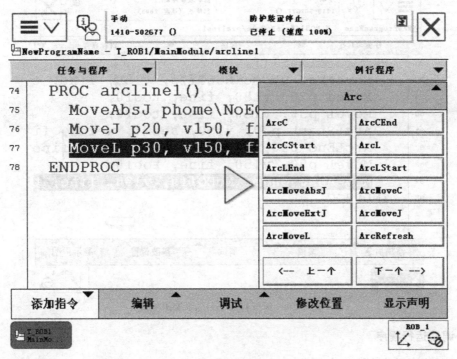

图 4-27 焊接指令 Arc

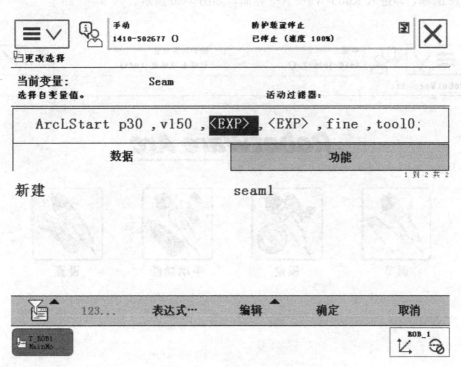

图 4-28 起弧指令参数设置

目标点 P50，添加指令 MoveL。复制→粘贴第一条指令 MoveAbsJ 使机器人回到初始点，程序完成，如图 4-29 所示。

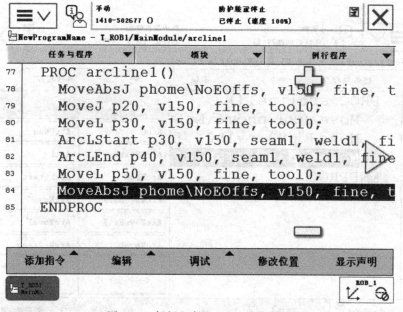

图 4-29　例行程序 arcline1 编辑完成

3. 调试运行程序

在系统主菜单中点击生产屏幕 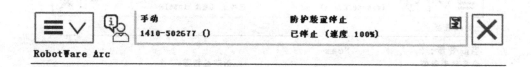 **生产屏幕** 图标，进入生产屏幕界面，再点击屏幕左下角的 Arc 图标，即进入 RobotWare Arc 界面，如图 4-30 所示。

调节

锁定

手动功能

设置

图 4-30　RobotWare Arc 界面

点击锁定 图标，即进入"锁定弧焊工艺"界面，如图 4-31 所示。

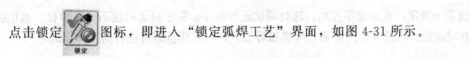

焊接　　　　摆动　　　　跟踪　　　　使用焊接速度
启动　　　　启动　　　　启动

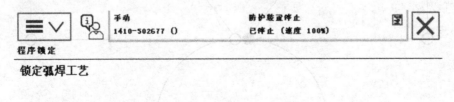

图 4-31　锁定弧焊工艺界面

点击 按钮，则全部锁定弧焊工艺，所有选项变成灰色，如图 4-32 所示。

焊接　　　　摆动　　　　跟踪　　　　全部锁定 –
启动　　　　启动　　　　启动　　　　使用预设速度

图 4-32　锁定弧焊工艺

点击确定→确定，返回程序界面，这时调试运行程序，程序只走轨迹不进行焊接。当检验程序轨迹没有问题后，再进入生产屏幕，解锁弧焊工艺，打开焊机即可进行实际焊接运行。

4.3　ABB-1400系统的圆弧焊接示教、程序编辑与实操

4.3.1　圆弧焊接指令

圆弧弧焊指令，类似于 MoveC，包括如下 3 种：

① ArcCStart：圆弧起弧指令；

② ArcC：圆弧焊接指令；

③ ArcCEnd：圆弧收弧指令。

指令格式如下

$$\left[\begin{matrix} ArcCStart \\ ArcC \\ ArcCEnd \end{matrix}\right] *，*，v100，seaml，weldl \backslash Weave：=weavel，z10，tool；$$

4.3.2　圆弧焊接编程

机器人运行轨迹与焊缝示意图如图 4-33 所示。机器人从起点 P20 开始走直线轨迹，到 P30 点起弧开始圆弧焊接，经过焊接中间点 P40、P50、P60 圆弧焊接到 P70 点灭弧，停止焊接，但机器人继续走直线轨迹到 P80 点。

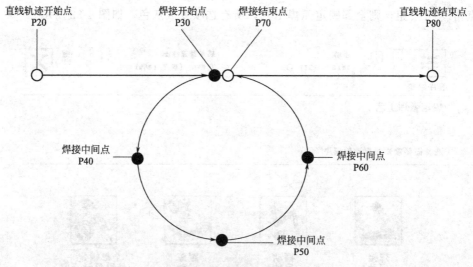

图 4-33　机器人圆弧焊接运行轨迹

1. 建立程序文件

参照上一节直线焊接程序的建立方法和步骤，建立圆弧焊接程序 arcC。

2. 程序内容示教编辑

选中刚才新建例行程序 arcC，在例行程序界面点击下方"显示例行程序"，进入例行程序编辑界面。首先和上一章的方法相同添加第一条指令 MoveAbsJ，然后手动操纵机器人使

焊枪以合理的姿态移动到 P20 点，添加指令 MoveJ，如图 4-34 所示。

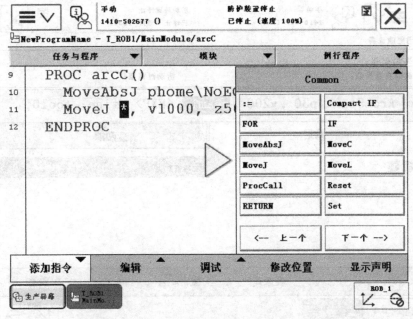

图 4-34　例行程序 arcC 的编辑

选中指令后面的"＊"，点击进入如图 4-22 所示的更改选择界面，设置本指令的目标点 P20，继续更改设置指令的其他参数。完成后，在线性坐标模式下（机器人的姿态不变），手动操纵机器人移动到 P30 点，点击"添加指令"，添加 MoveL 指令，参数设置同上。点击"添加指令"，点击"例行程序"下方的"Common"，从出现的选项中点击焊接指令包"Arc"，调出焊接指令，如图 4-35 所示。

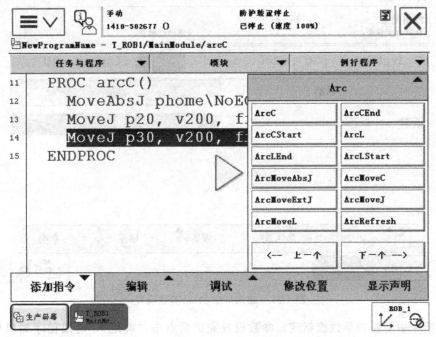

图 4-35　焊接指令的调出

点击"ArcLStart"添加直线起弧指令出现更改选择 Seam 界面，如图 4-36 所示。

图 4-36　起弧指令 Seam 参数设置

选择指令中所需参数或者新建，建立弧焊参数 Seam。然后向后选中下一个参数，出现更改选择 Weld 界面，如图 4-37 所示。

图 4-37　起弧指令 Weld 参数设置

选择指令中需要的参数或新建，参数设置完成后点击"确定"，返回程序编辑界面。添加圆弧焊接指令 ArcMoveC，然后在线性坐标模式下手动移动机器人到 P40 点，选中指令中的 P40，点击屏幕下方的修改位置，弹出如图 4-38 所示对话框，点击修改返回程序编辑界面。

图 4-38　修改 P40 位置

在线性坐标模式下手动移动机器人到 P50 点，选中指令中的 P50，点击下方的修改位置，在弹出的对话框中点击修改，返回程序编辑界面。添加圆弧灭弧指令 ArcCEnd，同样的方法找到并修改 P60 和 P70。添加指令 MoveL，在线性坐标模式下手动移动机器人到 P80，修改指令中目标位置 P80。复制粘贴第一条指令 MoveAbsJ 到 MoveL 指令的下方，完成程序编辑，如图 4-39 所示。

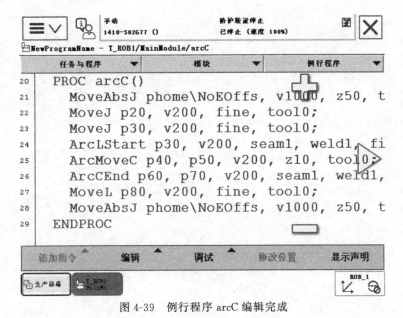

图 4-39　例行程序 arcC 编辑完成

3. 调试运行程序

在系统主菜单中点击生产屏幕 **生产屏幕** 图标，进入生产屏幕界面，再点击屏幕左下角的 Arc 图标，即进入 RobotWare Arc 界面。点击第二项 "锁定 " 图标进入锁定弧焊工艺界面；点击最后一项 图标，这时所有选项变成灰色，则全部锁定弧焊工艺，所有选项变成灰色，如图 4-32 所示。

点击确定→确定，返回程序界面，这时调试运行程序，程序只走轨迹不进行焊接。当检验程序轨迹没有问题后，再进入生产屏幕，解锁弧焊工艺，打开焊机即可进行实际焊接运行。

思考与练习题

1. 简述 ABB 机器人的常用动作指令和焊接指令、摆焊指令的格式特点。
2. 依序将机器人移动到 3 个不同的点位，完成关节运动程序，命名为 TEST001。
3. 完成第 2 题的手动测试操作，将机器人移动到 P［2］位置。
4. 将第 2 题的程序内容进行修改，将关节运动改成直线运动，并完成手动测试。
5. 完成 ABB 机器人的直线和圆弧焊接程序的示教编程和手动测试操作。

第5章 FANUC焊接机器人系统的编程与操作

 学习要求

通过本章学习形成对 FANUC 焊接机器人系统编程的基本认识，了解 FANUC 焊接示教编程的方法和要点，掌握 FANUC 机器人焊接基础编程，并掌握机器人操作的初步技能。应能够根据工件的材料、工件焊接结构特点和焊接质量要求，选用合适的焊接工业机器人系统，完成直线和圆弧轨迹的示教编程，并能够进行实际操作。

5.1 FANUC 机器人编程基础

工业机器人是一种先进的自动化设备，但在自动化运转之前，必须撰写控制程序，告诉机器人要完成哪些动作，这是实现机器人自动运行的基础。机器人程序主要由"动作指令"构成，只要熟练掌握机器人手动控制的方法，就可以将其移动到指定的位置，这个移动的过程就是示教。目前，大多数机器人可在示教同时，完成机器人动作指令的输入，形成机器人控制程序。下面将介绍撰写简单的机器人程序，为熟练使用和控制机器人打好基础。

不同类型的 FANUC 机器人安装了不同的系统软件，主要有用于搬运的 Handling Tool、用于点焊的 Spot Tool，用于涂胶的 Dispense Tool，用于喷涂的 Paint Tool，用于激光焊接和切割的 Laser Tool，以及用于弧焊的 Arc Tool 等，本章以弧焊机器人的编程为例进行阐述。

5.1.1 动作指令类型和格式

1:	J	P[1]	100%	FINE
行号	动作类型	示教位置	速度	终止类型

动作指令除了程序行号之外分为动作类型、示教位置、速度和终止类型等四个部分，下面详细介绍各部分的含义及操作方法。

1. 动作类型

动作类型有关节 J（Joint）、直线 L（Linear）和圆弧 C（Circular）三种。

关节动作 J 是工具在两个指定的点之间任意运动。通过 6 个关节各自独立转动、6 轴同时开始并同时停止动作来实现从起始位置到达目标位置的姿势，其路径通常不是直线，如图 5-1 所示。

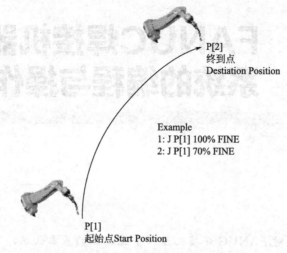

P[2]
终到点
Destiation Position

Example
1: J P[1] 100% FINE
2: J P[1] 70% FINE

P[1]
起始点 Start Position

图 5-1　关节动作（点到点轨迹）示意图

直线动作 L 是工具在两个指定的点之间沿直线运动。工具中心点 TCP 从起始位置到目标位置的路径强制为直线，除了瞬间的加速度、减速度之外，基本上是等速运动，如图 5-2 所示。

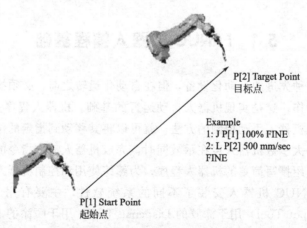

P[2] Target Point
目标点

Example
1: J P[1] 100% FINE
2: L P[2] 500 mm/sec
FINE

P[1] Start Point
起始点

图 5-2　FANUC 直线动作示意图

圆弧动作 C 是工具在三个指定的点之间沿圆弧运动。工具中心点 TCP 通过中间点以圆弧移动方式运动至目标点，当前点、中间点与目标点三点决定一段圆弧，机器人运动状态可控，运动路径保持唯一，常用于机器人工作状态的移动。如图 5-3 所示。

2. 示教位置

P［1］指的是机器人程序中的第 1 个示教位置，第 2 个位置标注为 P［2］、第 3 个示教位置就是 P［3］。但 P［1］不一定在第 1 行程序，而且在不同行中 P［1］也可以重复出现。在动作指令中 P［］只是记录示教位置的坐标值（圆弧动作 C 除外），而不是路径。比如关节指令：

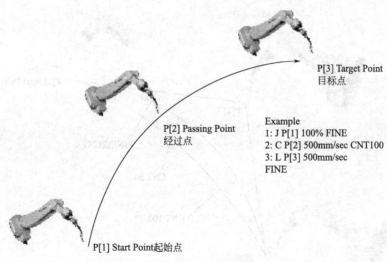

P[3] Target Point
目标点

P[2] Passing Point
经过点

Example
1: J P[1] 100% FINE
2: C P[2] 500mm/sec CNT100
3: L P[3] 500mm/sec
FINE

P[1] Start Point起始点

图 5-3　FANUC 圆弧动作示意图

1：J P [1] 100％ FINE

指的是从"当前位置"（或上一个动作指令结束位置）移动到 P [1] 位置，这样就会出现机器人在不同的位置上执行这一行程序时，会显示不同的动作路径。

3. 速度单位

速度单位随运动类型改变。当动作类型为 J 的时候，速度通常是以％来表示，100％代表最快的速度，若动作不需要太快可以将速度降为 50％、20％、5％和 1％等速度，可接受 1～100 的整数百分比。

当动作类型为 L 或 C 时，通常以 mm/sec 来表示。最高速度不同的机型略有不同，但绝大多数机型至少可以采用 2000mm/sec，并可根据输入整数速度值。不同单位表示的速度范围如表 5-1 所示。

表 5-1　速度范围

速度范围
1％～100％
1～2000mm/sec
1～12000cm/min
0.1～4724.0in/min
1～2000deg/sec

4. 终止类型

FANUC 机器人的终止类型有 FINE（精确）和 CNT（连续）两种形式，CNT0 与 FINE 作用相同。FINE 表示动作指令使机器人工具中心点 TCP 精确地停止在示教位置上，而 CNT 以连续动作为优先，不一定精确地通过该点，如图 5-4 所示。

在图 5-3 中各程序含义如下。

➢ 1：J P [1] 100％ FINE 表示精确地以关节动作 100％的速度由现在位置移动到 P [1]。

➢ 2：L P [2] 500mm/sec CNT100 表示优先考虑 100％连续地沿直线路径、以 500mm/

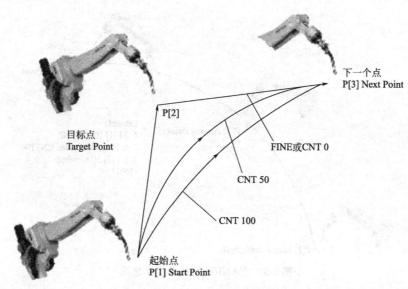

图 5-4   FANUC 动作终止类型

sec 的速度由前一位置移动到 P [2]。

➤ 3：L P [3] 500mm/sec FINE 表示精确地沿直线路径、以 500mm/sec 的速度由前一位置移动到 P [3]。在图 5-4 中显示了 4 种不同情况的路径：

➤ L P [2] 500mm/sec FINE

➤ L P [2] 500mm/sec CNT0

➤ L P [2] 500mm/sec CNT50

➤ L P [2] 500mm/sec CNT100

FINE 路径在 P [2] 有明显的停顿，且精确停留在 P [2] 的示教位置上；CNT0 虽然与 FINE 路径相同，但在 P [2] 不会停顿而是继续往 P [3] 移动；CNT100 是最远离 P [2] 的路径，但动作的连续性最好；而 CNT50 则是介于 CNT0 和 CNT100 的中间路径。

夹取、加工、放置等对精确性要求高的点位，一般建议使用 FINE；而路径经过位置附近没有干涉碰撞等问题时，则建议采用 CNT 以增加机器人动作的平顺度，同时使循环周期时间也会稍快一点。

5.1.2   焊接指令

1. 焊接开始指令

① Arc Start [i]。

[i] 为焊接条件号，可以设置 1~32 号。点击 MENU→ —next page—→Data→Weld Sched 或直接按示教器的快捷操作键 DATA，即可进入设置焊接条件画面，如图 5-5 所示。

第一列为焊接条件号，取值范围是 1~32；第 2 列为焊接电弧电压，单位是伏特（V）；第 3 列为焊接电流，单位是安倍（A）；第 4 列为焊接速度，单位为 cm/min。

② Arc Start [V, A]。

用于设置焊接开始条件，在图 5-5 中选定需要输入的焊接条件号，可以通过数字键直接输入数据。

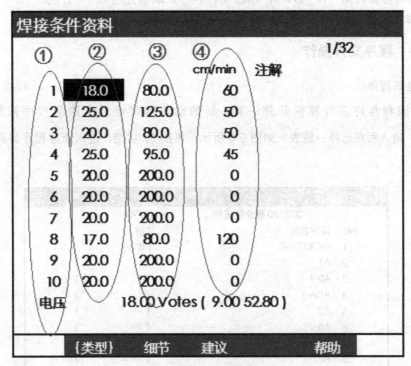

图 5-5　焊接条件设置画面

2. 焊接结束指令

① Arc End [i]。

焊接结束条件号的含义与设置方法与焊接开始指令相同。

② Arc Endt [V，A，s]。

焊接结束条件号的含义与设置方法与焊接开始条件指令相同，增加了维持时间选项，其参数范围是 0～9.9s。

3. 摆焊指令

摆焊就是机器人焊接时，焊丝在焊件上进行有规律的横向摆动的焊接操作。通过以特定的方式或角度周期性地左右摇摆进行焊接，由此增大焊缝宽度提高焊接强度。摆焊有正弦波摆焊、圆形摆焊和 8 字形摆焊等几种，程序指令格式分别为：

➤ 正弦波摆焊：Weave Sine（Hz，mm，sec，sec）。

➤ 圆形摆焊：Weave Circle（Hz，mm，sec，sec）。

➤ 8 字型摆焊：Weave Figure 8（Hz，mm，sec，sec）。

① 开始指令 Weave [i]。

[i] 为焊接件号，可以设置 1～16 号。点击菜单（MENU）→下一页（—next page—）→数据（Data）→焊接参数（Weld Sched），或者直接按示教器的快捷操作键 DATA，即可进入设置焊接条件画面。摆焊参数主要有以下几种：

➤ 摆焊频率（FREQ）：单位 Hz，取值范围为 0.0～99.9。

➤ 摆焊幅宽（AMP）：单位 mm，取值范围是 0.0～25.0。

➤ 摆焊左停留时间（L_DW）：单位 sec（秒），取值范围 0.0～1.0。

➢ 摆焊右停留时间（R_DW）：单位 sec（秒），取值范围 0.0～1.0。

② 摆焊结束指令 Weave End。

5.1.3 程序文件操作

1. 创建新程序

机器人编程与许多计算机软件一样，新的动作需要通过创建新程序来控制。按下 **SELECT** 进入程序选择一览表，如图 5-6 所示。再按 F2 功能，进入新建程序界面，如图 5-7 所示。

```
程序一览显示

              28272O 剩余位元组           {1/90}
   No.  程序名称                      注解
    1   -BCKEDT-D                   {B        }
    2   A1                          {         }
    3   AB-1                        {         }
    4   ABA-1                       {         }
    5   A2                          {         }
    6   AB-2                        {         }
    7   ABA-2                       {         }
    8   AF1                         {         }
    9   AF-1                        {         }
   10   AFA-1                       {         }

        {类型}   新建   删除   监视   {属性}
```

图 5-6 程序一览表

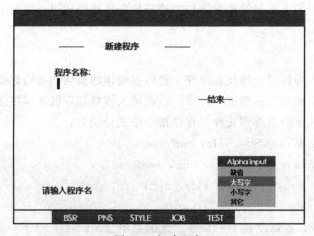

图 5-7 新建程序

FANUC 机器人有 Word 默认程序名、Upper Case 大写、Lower Case 小写和 Options 符号四种命名方式。程序名称有以下限制：

① 不可与其他已存在的程序名称相同；

② 由 1～8 个英文字母、数字、下划线组成，但第 1 个符号必须是英文字母；

③ 中间不能有空格。

选定一种命名方式，通过操作面板输入程序名称，按 ENTER 键即完成新程序创建。图 5-8 为选择以"Upper Case 大写"方式创建的新程序。按下 F2 可以显示如图 5-9 所示的程序细节信息，更详细的程序细节如表 5-2 所示。按 F1 即可进入程序编写画面。

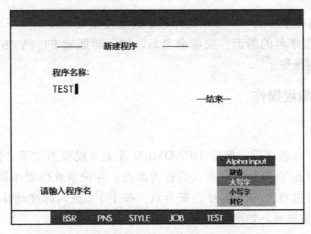

图 5-8　输入新建程序名

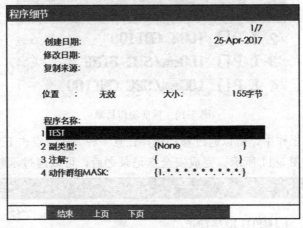

图 5-9　程序细节

表 5-2　程序细节

项目	描述
Create Date	创建日期
Modification Date	最后一次编辑的时间
Copy source	拷贝来源
Positions	是否有点
Size	文件大小
Program name	程序名
Sub Type	子类型
Comment	注释
Group Mask	组掩码(定义程序中有哪几个组受控制)
Write protection	写保护
Ignore pause	是否忽略 Pause

2. 删除程序文件

在图 5-6 所示的程序目录中，移动光标选定需要删除的程序，按下功能键 F4（YES）或 F5（NO）后，即可确认或取消删除操作。

3. 复制程序文件

在图 5-6 所示的程序目录中，移动光标选定需要复制的程序，按下功能键 F1（COPY）显示为复制文件起程序名的画面。完成命名后，按下功能键 F4（YES）或 F5（NO）后，即可确认或取消复制操作。

5.1.4 基本编程操作

1. 指令输入

在完成新建程序命名之后，解除 DEADMEN 开关（或称为按下"使能按键"），手动移动机器人工具中心点 TCP 到安全点（或称为原点）并记录此位置坐标，作为程序编写的坐标原点，以及保证机器人安全运行的安全点。按下 F1 进入标准动作目录（也称校点资料），有 4 种选项可供选择，如图 5-10 所示。

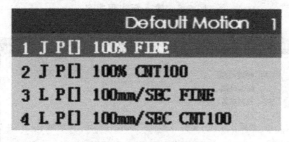

图 5-10　标准动作目录

在记录安全点的操作中，可以通过移动选择任意一种方式，点击 ENTER 按键后，即完成安全点的记录，如图 5-11 所示。完成安全点记录之后，可以通过示教的方式或程序编辑

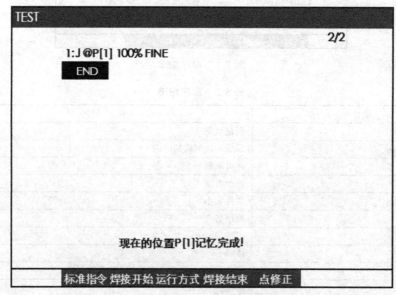

图 5-11　安全点记录完成

的方式完成程序指令的输入。

2. 指令修改

（1）指令中数值的更改

若要变更数值，只要将光标移动到数值上，直接输入新的数据，按下 ENTER 键即可。如需要图 5-11 中 1：J②P［1］100％ FINE 的速度值 100％更改为 50％，只要把光标移动到数值 100 处，输入 50 再按 ENTER 键，即完成了修改。

（2）指令中文字内容的修改

如需要将上述程序中的动作类型 J 修改为 L，只要将光标移动到字符 J 上，按功能键 F4，打开如图 5-12 所示的动作类型选项。移动光标，选中 2 Linear，再按 ENTER 键即完成修改。

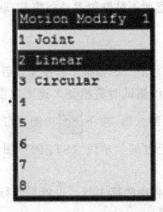

图 5-12　动作类型选项

3. 程序编辑

FANUC 机器人程序编辑有以下几种，如表 5-3 所示。

表 5-3　程序编辑指令一览表

Insert	从程序当中插入空白行
Delete	从程序当中删除程序行
Copy	复制程序行到程序中其他地方
Find	查找程序元素
Replace	用一个程序元素替换另外一个程序要素
Undo	撤销上一步操作

（1）插入空白行

移动光标到需要插入空白行的地方，按 F5（EDIT）功能键显示编辑命令，选取 Insert，输入需要插入的空白行数，再按 ENTER 键确认即完成插入。

（2）删除程序行

移动光标到要删除的程序行前，按 F5（EDIT）功能键显示编辑命令，选取 Delete，选择要删除的范围，选择 YES 确认删除。

（3）复制程序行

在编辑命令选项中选择 Copy，移动光标到要复制的程序行处，移动光标选择复制的范围，按 F2 Copy 确认，即完成程序拷贝。

再按 F5 Paste 将出现粘贴方式对话框，有以下几种方式供选择：

➤ F2 LOGIC：不粘贴位置信息。

➤ F3 POS_ID：粘贴位置信息和位置号。

➤ F4 POSITION：粘贴位置信息，不粘贴位置号。

➤ F5 CANCEL：取消。

按 F2 只粘贴复制的程序行中的位置号，而不粘贴位置信息；按 F3 同时粘贴位置号和位置信息；按 F4 只粘贴位置信息而不粘贴位置号；按 F5 取消复制程序行操作。

5.1.5 手动测试

在撰写机器人程序的过程中，不一定要整个程序完成后才测试程序的正确性，可以随时手动测试。基于安全的考虑，建议测试时将机器人速度放慢，或切换到 T1 慢速示教模式。测试时先进行 STEP "单段状态测试"，按下 STEP 功能键可在"连续状态"和"单段状态"之间切换。"连续状态"下菜单上方的"单段（STEP）"图标为绿色，"单段状态"下"单段（STEP）"图标为黄色。

手动测试时须把光标移动到程序的第 1 行，也就是使行号［1］为反白。按下操作面板中的 SHIFT 和 FWD（ SHIFT + FWD ）键，即可进行"单段测试"。

所谓"单段测试"就是每次只执行一行程序，所谓 SHIFT + FWD 就是按着 SHIFT 不放，单击 FWD 后放开，即开始执行程序动作，菜单上方的图标显示为"运转"。程序执行完毕后，即使按着 SHIFT 键不放，机器人动作也会停止。如果在程序没有执行完毕前松开 SHIFT 键，机器人动作暂停，程序进入暂停状态，菜单上方显示"暂停"图标。暂停状态下，再次按下 SHIFT + FWD ，即可继续执行程序。程序执行完成后，就不再出现暂停状态，而显示"已终止"状态。

如果"单段状态"测试没有问题，按操作键 STEP 切换到"连续状态"，重新测试该程序的连续动作。若连续测试也没有问题，则可以将机器人的速度调整为自动生产时需要的速度，并切换到全速示教模式继续测试，直到可以投入生产。

5.1.6 执行程序

程序中断一般由以下两种情况引起：

➤ 程序运行中遇到报警；

➤ 操作人员停止程序运行。

不同原因引起的中断恢复方法不同。

（1）急停中断的恢复

按下急停键将会使机器人立即停止，程序运行中断，报警出现，伺服系统关闭。按下列步骤进行恢复：

> 消除急停原因，譬如修改程序；

> 顺时针旋转松开急停按钮；

> 按 TP 上的 RESET 键，消除报警代码，此时 FAULT 指示灯灭。

（2）暂停中断的恢复

按下 HOLD 键将会使机器人减速停止，重新启动程序即可恢复运行。

（3）报警引起的中断

当程序运行或机器人操作中有不正确的地方时，会产生报警以确保人员安全。实时的报警代码会出现在 TP 上，要查看报警记录，然后根据报警信息进行恢复。

5.2　FANUC 机器人直线轨迹焊接编程与操作

FANUC 机器人编程有示教编程和离线编程两种，下面以点位运动为例讲解示教编程的基本方法。

按下操作面板（TP）上的 F1 功能键，此时应当显示为如图 5-13 所示的校点资料画面。如果不是，按 NEXT 功能键，直到显示为止。选择图 5-13 中任意一个选项，即可记录机器人当前的位置，并同时完成一行动作指令的编写。接下来手动移动机器人的工具中心点到下一个位置，按下 SHIFT＋F1，即可记录第 2 个位置，并完成第 2 行动作指令。重复每一个位置的点位示教，即可完成如下程序。

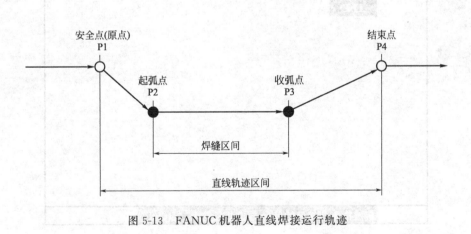

图 5-13　FANUC 机器人直线焊接运行轨迹

1：J P［1］100％ FINE

2：J P［2］100％ FINE

3：J @P［3］100％ FINE

［End］

此段程序会使机器人执行如下动作，从机器人当前位置移动到第 1 个记录位置，然后移动到第 2 个记录位置，再移动到第 3 个记录位置。这就是点位示教编程的过程。

5.2.1 直线焊接编程示例

所谓机器人直线焊接就是机器人引导焊枪在平板上，用直线的先上后下的焊枪位置，小角度地前向焊接一条 V 形焊缝。练习时建议按 FANUC 机器人公司给定的初学者直线焊接条件进行，具体参数如下。

① 焊丝干伸长为 15mm；

② 收弧行走速度为 1000mm/min；

③ 焊缝长度为 50mm。

机器人进行直线焊接时，从安全点 P1 沿直线轨迹走到起弧点 P2，焊机起弧开始直线焊接，枪头走到收弧点 P3 点，焊机灭弧停止焊接，但机器人继续沿直线轨迹走到结束点 P4，这就是机器人直线焊接时的运行轨迹与焊缝示意图。下面以此轨迹为例，讲解直线焊接的示教编程过程。

1. 建立程序文件

按 5.1.3 程序文件操作中"创建新程序"所述方法完成程序名的创建，接下来进行示教编写直线焊接程序。首先解除 DEADMEN 开关，开始记录安全点（或称为原点）位置信息。按 5.1.4 基本编程操作中"指令输入"所述方法完成安全点记录，如图 5-14 所示。

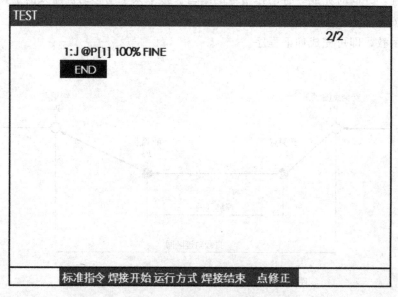

图 5-14　安全点记录画面

完成安全点记录之后，对于初学者应适应调低机器人运行速度，通过单击图 2-22 所示的"机器人运动控制键"移动焊枪头（TCP）到起弧点 P2。特别注意使用 F1 记录的点是机器人移动的点位信息，而 P2 点为起弧点，在记录保存时应使用"F2（ARCSTART）"，如图 5-15 所示。

操控机器人移动到收弧点 P3，按下 F4（ARCEND），完成收弧点的记录，如图 5-16 所示。继续移动机器人到焊接轨迹结束点 P4，按 F1 记录该点位的关节点。

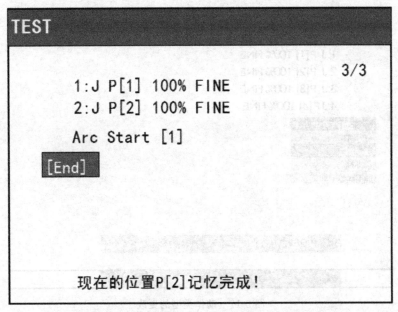

图 5-15　记录起弧点

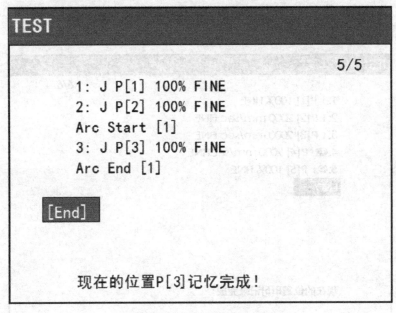

图 5-16　记录起弧点

2. 程序内容的示教编辑

由于示教记录的是关节运动的点位，对于直线焊接需要将动作指令从关节动作改为直线动作。移动光标到需要更改动作类型的字符，如第 2 行的 J 前，按下 F4（选择），出现如图 5-17 所示画面。在打开的选择框中有关节、直线、圆弧等选项，对于直线焊接需要选择第 2 项（直线），点击 ENTER（确定）按键后，即完成了动作类型的修改。

采用相同的操作完成直线上的各点的修改后，还需要使枪头在完成焊接后回到原点。可以使用按下 SHIFT＋F2 快捷方法就可创建回原点程序行，如图 5-18 所示。但此时记录的是

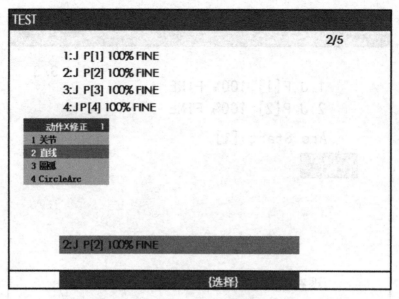

图 5-17　动作类型的更改

与第 4 点坐标信息相同的第 5 点，如需要回到原点 P［1］，则需要将光标移动到 P［5］中的数字 5 上面，直接输入数字 1，此行程序的功能是控制机器人关节运行回到第 1 行坐标信息相同的 P［1］，如图 5-19 所示。

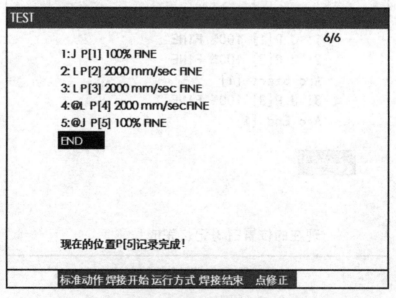

图 5-18　构建回原点程序行

5.2.2　输入焊接参数

在完成直线焊接动作指令编写之后，要使程序能够进行自动焊接，还需要输入焊接参数。下面以图 5-20 所示的未输入焊接参数的程序为例，讲解如何输入焊接参数。

在图 5-20 所示的焊接程序的第 3 行，起弧命令 Arc Start［1］方括号中的数字（1）表示的是所选用的焊接参数（Weld Schedule）号。FANUC 机器人有 32 个可用的焊接参数号

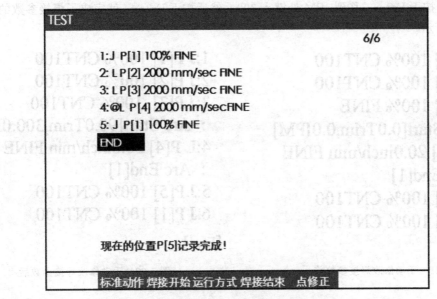

图 5-19　修改回原点程序行

可供设置和选用。直接按 DATA 键即可打开如图 5-5 所示的焊接条件设置画面，进行各焊接参数号中的焊接参数的设置。

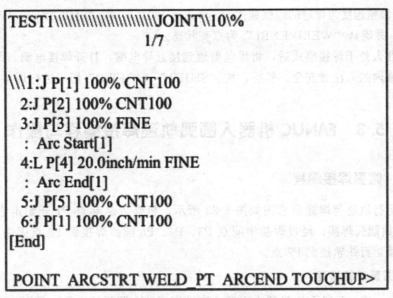

图 5-20　未输入焊接参数的程序

焊接参数设置操作详细见第 3 章 "3.3.1 林肯机器人焊机的参数设置"，该节即是以 FANUC 机器人—林肯的焊接机器人系统的焊接参数设置操作。完成焊接参数设置后，Arc Start [1] 和 Arc End [2] 方括号中的数字就是焊接参数号，机器人将调用设定的焊接参数进行焊接。

用户可以对焊接参数号内的参数方便地进行修改。如果需要修改，只需移动光标到 Arc Start 这行，直接在中括号内键入焊接参数号，界面上将出现 "F3-Value" 键。按下该键方括号内变成 [0.0Trim，0.0IPM]，如图 5-21 所示。移动光标到中括号内，移到 Trim 处键入 90，然后按下 Enter；移到 IPM 处键入 300，然后按下 Enter，就完成了焊接参数的修改，如图 5-22 所示。

1:J P[1] 100% CNT100
2:J P[2] 100% CNT100
3:J P[3] 100% FINE
 : Arc Start[0.0Trim,0.0IPM]
4:L P[4] 20.0inch/min FINE
 : Arc End[1]
5:J P[5] 100% CNT100
6:J P[1] 100% CNT100
[End]

图 5-21　手动修改焊接参数前

1:J P[1] 100% CNT100
2:J P[2] 100% CNT100
3:J P[3] 100% CNT100
 : Arc Start[90.0Trim,300.0IPM]
4:L P[4] 20.0inch/min FINE
 : Arc End[1]
5:J P[5] 100% CNT100
6:J P[1] 100% CNT100
[End]

图 5-22　手动修改焊接参数后

5.2.3　调试运行程序

在进行焊接运行之前，应按 5.1.5 节所述进行"单段"和"连续"状态下的手动测试。所有测试完成后，在进行焊接之前，应将机器人设置为焊接模式。即关闭"单段运行"（Step off），调整速度为设定的焊接速度（Speed to 100%），按"SHIFT"＋"WELD ENBL"焊接使能键，并确认"WELD ENBL"为点亮状态。

确认机器人处于焊接模式后，将焊丝剪短到接近导电嘴，打开焊接电源，并提醒机器人焊接系统区域内的人注意安全。然后，按"SHIFT"＋"FWD"即可进行焊接运行。

5.3　FANUC 机器人圆弧轨迹焊接编程与操作

5.3.1　圆弧焊接编程

机器人运行轨迹与焊缝示意图如图 5-23 所示。机器人从起点 P1 开始走直线轨迹，到 P2 点起弧开始圆弧焊接，经过焊接中间点 P3、P4、P5 圆弧焊接到 P6 点灭弧，停止焊接，但机器人继续走直线轨迹到 P7 点。

1. 上半圆弧示教编程

特别注意一点，FANUC 机器人不能一次性完成整个圆弧的示教，只能分成上下两部分进行。参照前述方法完成程序命名，解除 DEADMEN 开关，切换至全局坐标系，控制机器人到达安全点位 P1，按 F1 记录此坐标。

初学者适应调低机器人运行速度，操作移动方向按键，移动机器人到圆弧焊接开始点 P2（起弧点），按 F1 记录此点为机器人一般运动，焊接起弧点需要按 F2 记录。继续按前述方法操作，记录焊接中间点 P3。此点为半圆弧的中间位置，不能关节动作 J 指令，而需要改用圆弧动作 C 指令。

移动光标到第 3 行字母 J 上，如图 5-24 所示。按下 F4，出现如图 5-17 所示的动作类

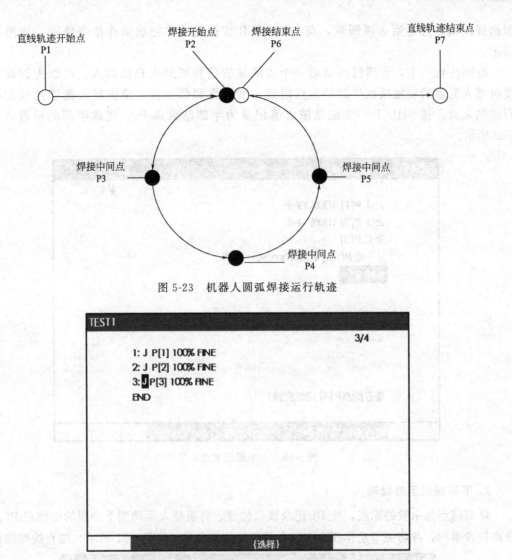

图 5-23　机器人圆弧焊接运行轨迹

图 5-24　J指令改为C指令之前画面

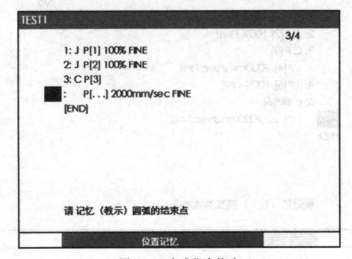

图 5-25　完成指令修改

型选择画面。选定第 3 项圆弧，点击 ENTER 按键确定，完成动作指令修改，如图 5-25 所示。

特别注意一下，半圆弧的最后一个点的缺省值被机器人自动调入。可以先调高速度使机器人能够较快地接近半圆结束点附近。然后再调低速度，使机器人能够比较准确地到达结束点。按 SHIFT＋F3 记录缺省值记录为半圆结束点 P4，完成半圆的示教，如图 5-26 所示。

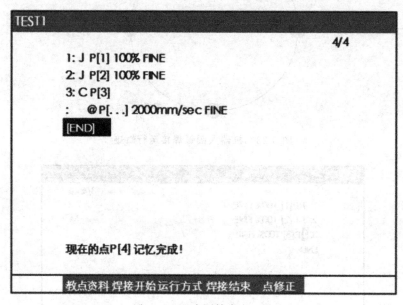

图 5-26　上半圆结束点记录

2. 下半圆弧示教编辑

以当前点为示教的原点，按 F1 记录该点位置。将机器人运动到下半圆的中间点 P5，记录点位置坐标，并将关节动作指令 J 改为圆弧动作指令 C，如图 5-27 所示。按直线焊接相同

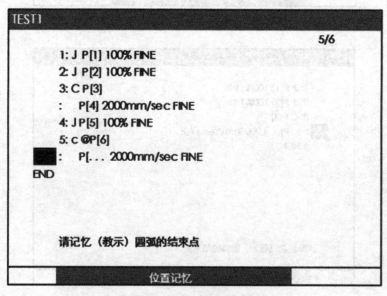

图 5-27　记录下半圆中间点位

的方法，记录下半圆弧结束点 P6 的坐标，如图 5-28 所示。

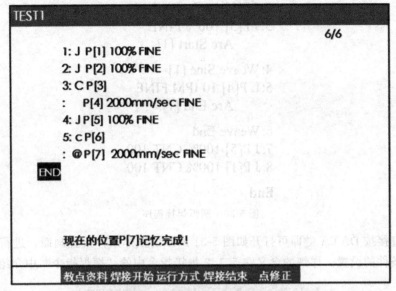

图 5-28　下半圆结束点

采用与直线焊接相同的操作方法和步骤，完成回原点程序行的编写，如图 5-29 所示。至此，圆弧焊接的动作指令部分的示教编程结束。

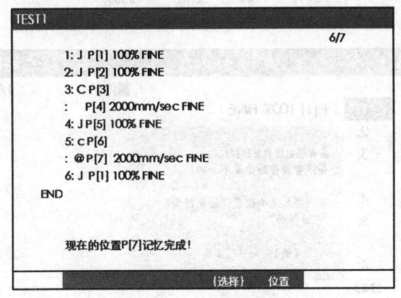

图 5-29　完成的圆弧轨迹程序

5.3.2　焊接参数的输入

参照直线焊接的参数输入方法，完成圆弧焊接程序，如图 5-30 所示。在该程序中增加了摆焊指令，以增大焊缝宽度提高焊接强度。

摆焊指令与焊接参数类似，摆焊开始指令 Weave［i］方括号中的数字（i）表示的是所选用的摆焊条件（Weave Schedule）号。FANUC 机器人有 16 个可用的摆焊条件号可供设

```
1:J P[1] 100% CNT 100
2:J P[2] 100% CNT 100
3:J P[3] 100% FINE
     Arc Start [1]
4: Weave Sine [1]
5: L P[4] 10 IPM FINE
     Arc End [1]
6: Weave End
7:J P[5] 100% CNT 100
8:J P[1] 100% CNT 100
End
```

图 5-30　圆弧焊接程序

置和选用。直接按 DATA 键即可打开如图 5-31 所示的摆焊条件设置画面，进行各焊接条件号中的摆焊条件的设置。详细的含义在 5.1.2 焊接指令中的"摆焊指令"中介绍。

DATA Weave Sched		JOINT 30%	
			1/32
FREQ (Hz)	AMP (mm)	R_DW (sec)	L_DW (sec)
1　1.0	4.0	0.100	0.100
2　1.0	4.0	0.100	0.100
3　1.0	4.0	0.100	0.100

图 5-31　焊接条件号

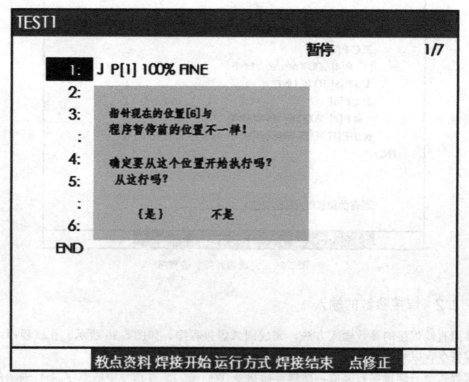

图 5-32　运行前确认对话框

摆焊指令有正弦波摆焊 Weave Sine，圆形摆焊 Weave Circle 和 8 字形摆焊 Weave Figure 8 三种形式，在编辑界面中按 F1（INST）键，可以插入程序行来完成。摆焊指令方括号中的序号可以调用已经设定的摆焊条件。

5.3.3 调试运行程序

圆弧焊接的准备工作和手工测试工作与直线焊接一样，完成这些任务后方可进行实际自动焊接。

首先，选择"连续"，按下 SHIFT＋FWD，出现如下对话框，如图 5-32 所示。确认后，机器人连续运行，光标在各程序号前闪烁，表示当前运行的程序行。运行结束后，机器人回到原点，圆弧焊接结束。

思考与练习题

1. 简述 FANUC 机器人的常用动作指令和焊接指令、摆焊指令的格式特点。
2. 依序将机器人移动到 3 个不同的点位，完成下列程序，命名为 TEST001。

   1：J P [1] 100％ FINE

   2：J P [2] 100％ FINE

   3：J P [3] 100％ FINE

3. 完成第 2 题的手动测试操作，将机器人移动到 P [2] 位置。

   1：J P [1] 100％ FINE

   2：J @P [2] 100％ FINE

   3：J P [3] 100％ FINE

4. 将第 2 题的程序内容修改成如下形式，并完成手动测试。

   1：J P [1] 100％ FINE

   2：L P [2] 1000mm/sec FINE

   3：J P [3] 1000mm/sec FINE

5. 完成 FANUC 机器人的直线和圆弧焊接程序的示教编程和手动测试操作。

第6章

KUKA焊接机器人系统的编程与操作

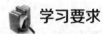

学习要求

通过本章学习形成对 KUKA 焊接机器人系统编程的基本认识，了解 KUKA 焊接示教编程的方法和要点，掌握 KUKA 机器人焊接基础编程，并掌握机器人操作的初步技能。应能够根据工件的材料、工件焊接结构特点和焊接质量要求，选用合适的焊接工业机器人系统，完成直线和圆弧轨迹的示教编程，并能够进行实际操作。

6.1 KUKA 焊接机器人的编程基础

6.1.1 运动类型和指令格式

KUKA 机器人有"基于轴"和"基于路径"的运动两大类型，分为工具沿最快路径运动的 PTP（点到点），工具按照指定的速度沿着一条直线运动的 LIN（直线），以及工具按照指定的速度沿圆弧运动的 CIRC（圆弧）三种运动形式，如图 6-1 所示。

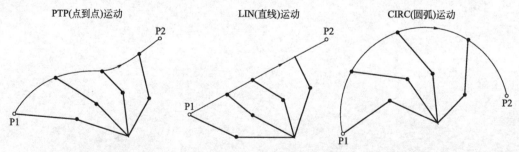

PTP(点到点)运动　　　　　　LIN(直线)运动　　　　　　CIRC(圆弧)运动

图 6-1　基本运动形式示意图

为了更直观地理解 PTP 运动的特点，以图 6-2 为例讲解。图中枪头（TCP 点）从左边的 P1 点运动到右边的 P2 点，有一点最短的直线路径和一条移动时间最少的最快路径。PTP 指令控制机器人沿最快的路径（运行时间最短）从 P1 点运动到 P2 点，而不保证 TCP 点运动过程的坐标以及机器人的姿态。

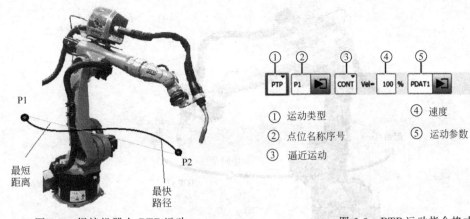

① 运动类型　④ 速度
② 点位名称序号　⑤ 运动参数
③ 逼近运动

图 6-2　焊接机器人 PTP 运动　　　图 6-3　PTP 运动指令格式

1. PTP 运动指令格式

运动指令包括运动类型、点位、到达控制点的方式、速度和运动参数等栏目（见图 6-3）。运动类型有 PTP＼LIN＼CIRC 等，将光标移动到此栏的下拉箭头上，对于 PTP 运动单击展开选定 PTP 则可。P1 是程序默认的第 1 个点位，可以直接输入或选择已使用过的点位名称。光标移到 CONT 上，用下拉箭头可以选择参数 CONT 或空白。空白表示机器人会精确到达 P1 点，CONT 表示机器人近似到达 P1 点，然后向 P1 点的下一点运行。

Vel 表示机器人的运动速度，对于 PTP 运动用设定的速度的百分比来表示，默认为 100％。运动参数一栏可以设置加速度、逼近距离、工具姿态等参数。

2. LIN 运动指令格式

LIN 指令控制枪头（TCP 点）从左边的 P1 点运动到中间的 P2 点，再运动到 P3 点，在此过程 TCP 点始终沿着直线行走，而且速度是恒定的，如图 6-4 所示。LIN 运动指令的格式与 PTP 运动指令的格式大同小异，如图 6-5 所示。LIN 运动的速度是固定值，单位是 m/s；而运动参数名称由 PTP 的 PDAT1 变成了 CPDAT1。

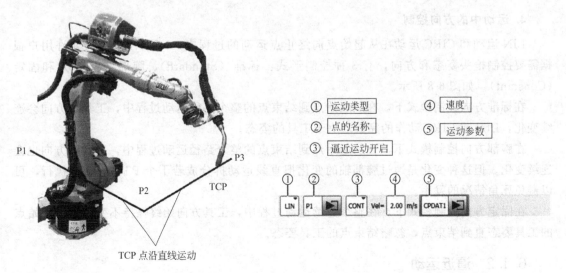

① 运动类型　④ 速度
② 点的名称　⑤ 运动参数
③ 逼近运动开启

图 6-4　焊接机器人 LIN 运动　　　图 6-5　LIN 运动指令格式

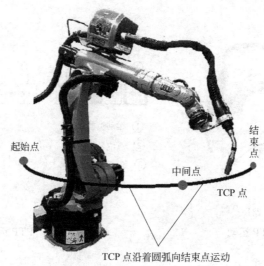

起始点

结束点

中间点

TCP 点

TCP 点沿着圆弧向结束点运动

图 6-6　焊接机器人 CIRC 运动

3. CIRC 运动指令格式

CIRC（圆弧）运动需要由起始点、中间点和结束点来构造一条圆弧曲线，如图 6-6 所示，控制枪头（TCP）从起始点沿着圆弧，经过中间点，运动到结束点。CIRC 运动指令格式如图 6-7 所示。

① 运动类型　　③ 逼近运动
② 中间点名称　④ 速度
② 结束点名称　⑤ 运动参数

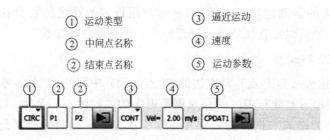

图 6-7　CIRC 运动指令格式

4. 运动中的方向控制

LIN 运动和 CIRC 运动在从起始点向终止点运动的过程中，KUKA 机器人允许用户根据需要控制枪头姿态和方向，有 3 种控制形式：标准（Standard）、腕部（Wirst）和固定（Constant），如图 6-8 所示。

在标准方向控制模式下，在从起始点到结束点的整个路径运动过程中，工具的方向会连续变化，LIN 或 CIRC 动作的完成取决于工具的姿态。

在腕部方向控制模式下，在从起始点到结束点的整个路径运动过程中，工具的方向也会连续变化。但这种变化是通过腕部轴的变化把直线运动拆分成若干个 PTP 运动来执行，可以避免死角情况的发生。

在固定方向控制模式下，在整个连续运动过程中，工具方向始终保持不变，保留起始点的工具姿态直到结束点，忽略结束点的工具姿态。

6.1.2　逼近运动

在机器人运动的过程中，使用逼近运动可以使机器人的运动连续而没有停顿，虽然不能

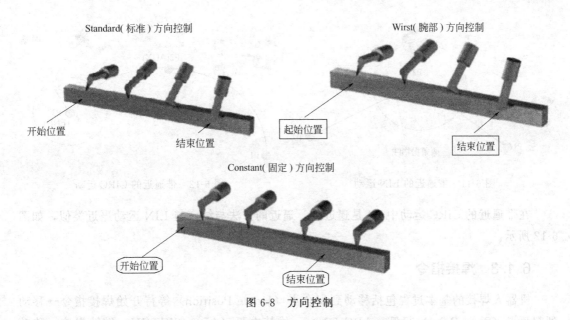

图 6-8　方向控制

精确地到达程序的每一个点，但可以减少运动损耗，缩短生产节拍，如图 6-9 所示。不同的运动指令，逼近的路径和逼近的线段不同，详细见图 6-10～图 6-12。

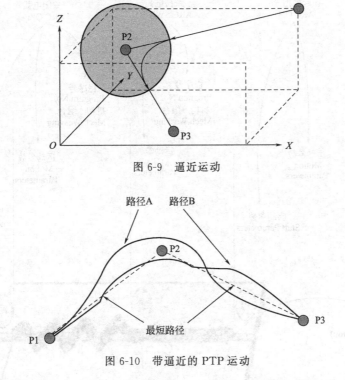

图 6-9　逼近运动

图 6-10　带逼近的 PTP 运动

在带逼近的 PTP 运动中，P2 点是逼近点，用户可以通过设置逼近距离决定逼近范围的大小，但这个路径不能被设定或预计。

在带逼近的 LIN 运动中，P2 点也是逼近点，使用两条抛物线进行逼近。逼近距离值决定了从"结束点"到"逼近运动开始点"的距离，但最终路径不会是圆弧，如图 6-11 所示。

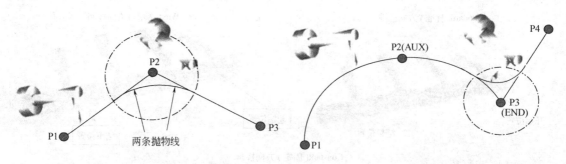

图 6-11 带逼近的 LIN 运动	图 6-12 带逼近的 CIRC 运动

在带逼近的 CIRC 运动中 P3 是逼近点，逼近的方法与结束与 LIN 运动逼近类似，如图 6-12 所示。

6.1.3 焊接指令

机器人焊接的基本过程包括移动到安全点（Home Position）等待开始焊接指令→移动到起弧点（Start Point）起弧（ARC ON）→维持电弧（ARC SWITCH）继续焊接→移动到关弧点（End Point）关闭电弧等几个阶段，如图 6-13 所示。图中第 1 段为不带摆动的焊接，第 2 段是摆动焊接，KUKA 机器人有相对的两类焊接相关的指令。

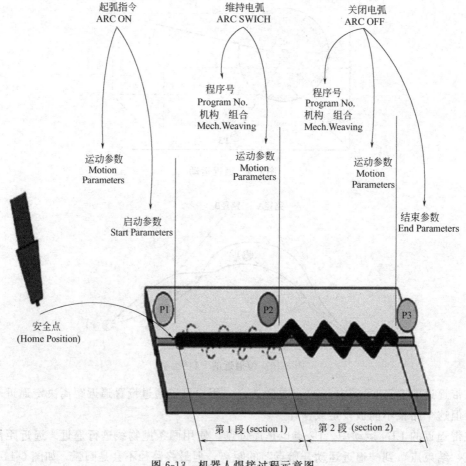

图 6-13 机器人焊接过程示意图

1. KUKA 机器人焊接基本指令

（1）安全点（Home Position）

焊接之前设置用于保证操作安全的空间点，可以加快焊接生产节拍，减少碰撞之类的安全事故发生。

（2）起弧（Arc On ）

焊接的起弧命令，其格式与运动指令相关。

➤ PTP 运动起弧指令格式：`PTP ▾ P1 Vel=100 % PDAT2 ARC_ON PS ▾ S Seam1`

➤ LIN 运动起弧指令格式：`LIN ▾ P1 Vel=2 m/s CPDAT3 ARC_ON PS ▾ S Seam1`

➤ CIRC 运动起弧指令格式：`CIRC ▾ P1 P2 Vel=2 m/s CPDAT4 ARC_ON PS ▾ S Seam1`

各栏的功能、取值范围与注解如表 6-1 所示。

表 6-1 起弧指令功能一览表

栏目	功能	取值范围或操作方法
PTP	运动类型	使用栏目右侧状态键、操作键或键盘更改
LIN	运动类型	使用栏目右侧状态键、操作键或键盘更改
CIRC	运动类型	使用栏目右侧状态键、操作键或键盘更改
P1	指定终点(示教使用"Touch Up"软键)	自由选择。指定的终点 Pn 可以使用键盘或状态键进行修改
P1(CIRC)指令	指定辅助点(示教使用"Touch Aux"软键)	自由选择。指定的终点 Pn 可以使用键盘或状态键进行修改
P2(CIRC)指令	指定终点(示教使用"Touch End"软键)	自由选择。指定的终点 Pn 可以使用键盘或状态键进行修改
Vel＝100％	路径速度	最大速度的,默认 100％。可通过数字键输入或状态键修改
Vel＝1.25m/s	路径速度	每秒 0.001～2m/s,默认 2m/s。可通过数字键输入或状态键修改
PDAT1	指定运动参数	自由选择
CPDAT1	指定运动参数	自由选择
PS	焊接工艺	PS=Pulse(脉冲)(模式 1) MM=MIG\MAG(模式 2)
S	指定启动参数	自由选择
S1	指定启动参数	自由选择
Seam1	注释	自由选择

（3）维持电弧（Arc Switch）

连续焊接过程中维持电弧命令。 "ARC SWITCH"命令只能运用于 LIN（直线）和 CIRC（圆弧）两种运动类型，为保证在焊接过程中 LIN 与 CIRC 转换时焊接不中断，必须使用"ARC SWITCH"，且插入在"Arc On"命令与"Arc Off"命令之间使用。指令格式如下。

> LIN 运动维持电弧指令格式： `LIN ▼ P2 CONT ▼ CPDAT1 ARC PS ▼ W1`

> CIRC 运动维持电弧指令格式： `CIRC ▼ P2 P3 CONT ▼ CPDAT1 ARC PS ▼ W1`

各栏的功能、取值范围与注解如表 6-2 所示。

表 6-2 维持电弧指令功能一览表

栏目	功能	取值范围或操作方法
LIN	运动类型	使用栏目右侧状态键、操作键或键盘更改
CIRC	运动类型	使用栏目右侧状态键、操作键或键盘更改
P2(LIN)	指定终点(示教使用"Touch Up"软键)	自由选择。指定的终点 Pn 可以使用键盘或状态键进行修改
P2(CIRC)	指定辅助点(示教使用"Touch Aux"软键)	自由选择。指定的终点 Pn 可以使用键盘或状态键进行修改
P3(CIRC)	指定终点(示教使用"Touch End"软键)	自由选择。指定的终点 Pn 可以使用键盘或状态键进行修改
CONT	逼近功能	空白—没有逼近功能 CONT—带逼近功能。设置参数时应防止形成过度熔池
CPDAT1	指定运动参数	自由选择

（4）关闭电弧（Arc Off）
关闭电弧的命令。

LIN 运动关弧指令格式： `LIN ▼ P2 CPDAT2 ARC_OFF PS ▼ W1 E Seam1`

CIRC 运动关弧指令格式： `CIRC ▼ P2 P3 CPDAT3 ARC_OFF PS ▼ W2 E Seam1`

各栏的功能、取值范围与注解与维持电弧指令相同。

2. 摆动焊接指令

摆焊指令可在维持电弧（Arc Switch）、关闭电弧（Arc Off）指令中使用，其格式分别如下。

> 在 Arc Switch 中的摆焊指令：

`LIN ▼ P16 CONT ▼ CPDAT12 ARC PS ▼ W10 TRACK ▼ T`

> 在 Arc Off 中的摆焊指令：

`LIN ▼ P4 CPDAT2 ARC_OFF PS ▼ W2 E TRACK ▼ T Seam0`

KUKA 机器人有三角形、梯形和螺旋形等多种摆动方式，如图 6-14 所示。在使用摆焊指令时必须进行相关参数的设置，图 6-15 所示为三角形摆焊的各参数含义，其他形式摆焊含义大致相同。摆焊频率、焊接速度和摆焊长度之间的关系，可按式(6-1)～式(6-3)换算。

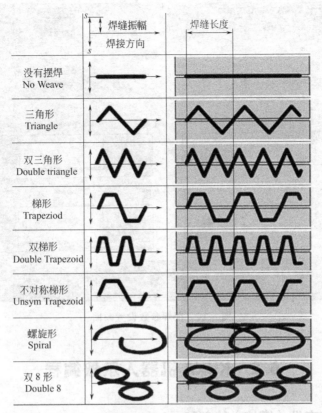

图 6-14　摆焊类型

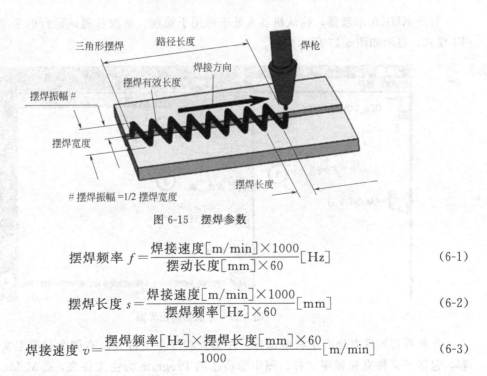

图 6-15　摆焊参数

$$摆焊频率\ f=\frac{焊接速度[\mathrm{m/min}]\times1000}{摆动长度[\mathrm{mm}]\times60}[\mathrm{Hz}] \qquad (6\text{-}1)$$

$$摆焊长度\ s=\frac{焊接速度[\mathrm{m/min}]\times1000}{摆焊频率[\mathrm{Hz}]\times60}[\mathrm{mm}] \qquad (6\text{-}2)$$

$$焊接速度\ v=\frac{摆焊频率[\mathrm{Hz}]\times摆焊长度[\mathrm{mm}]\times60}{1000}[\mathrm{m/min}] \qquad (6\text{-}3)$$

选定摆焊的控制参数之后，可以在如图 6-16 所示的对话框中进行输入。

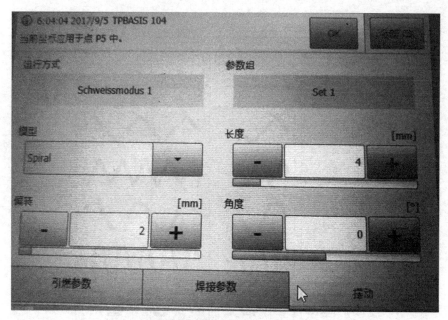

图 6-16　摆焊参数设置画面

6.2　KUKA 机器人示教编程

6.2.1　程序文件（模块）的创建

打开 KUKA 示教器，确认机器人处于可用于编程、示教和测试运行的手动低速运行的 T1 模式，显示如图 6-17 所示画面。

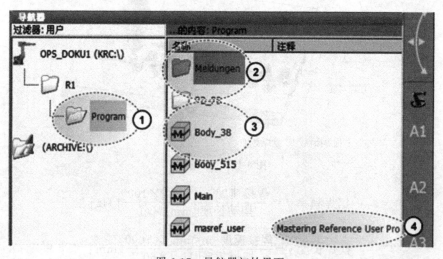

图 6-17　导航器初始界面

导航器初始界面分成左右两部分，左侧为程序主文件夹，右侧为程序主文件夹中的内容，包括子文件夹和程序文件。图中①所指的 Program 为主文件夹，②Meldungen 为子文件夹，③Body＿38 为程序文件，④为程序文件注释。

　　用户可以在主文件夹中或子文件夹中创建新的程序。选中主文件夹使之深色显示，单击
界面左下方的"新"按键，打开如图 6-18 所示的新建文件夹界面。用光笔点击软键盘中的
字母和数字，即在界面中③所指的输入框中显示相应的符号，输入完毕后，点击回车键，即
完成子文件夹的新建，如图 6-19 所示。

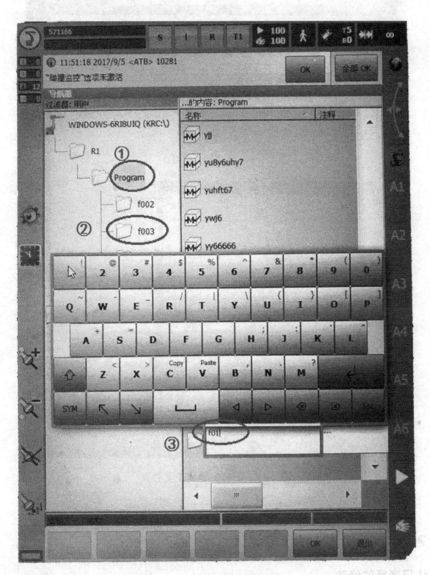

图 6-18　新建子文件夹界面

　　在新建的子文件夹呈深色显示时，如图 6-19 中的②所指的"f01"文件夹，单击界面右
下方④所指的"打开"按键，再单击左下方⑤所指的"新"按键，即可打开文件名称输入框
和软键盘。按新建子文件夹相同的操作步骤，即可完成新建程序文件，新建的程序文件保存
在子文件夹中。

　　如在图 6-18 所示的界面中，先选定②所指的程序文件，使之深色显示后再单击"新"
按键，按新建子文件夹一样的步骤，即可在主文件夹中创建新的程序文件，如图 6-20 所示。

　　图 6-20 中①为主文件夹"Program"，②为新建的子文件夹"f01"，③为新建的程序文

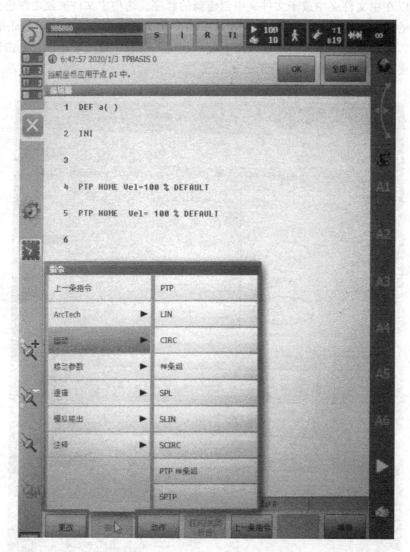

图 6-19　新建完成的子文件夹

件"f02"。

6.2.2　KUKA 机器人的示教编程

1. 默认程序行的修改

选中图 6-20 所示的新建程序文件"f02"，单击"打开"按键，进入如图 6-21 所示的编辑器界面。KUKA 机器中在新建程序文件中有以下 8 行系统默认的程序，如图 6-22 所示。

DEF f01（　）用于启动程序和定义程序；INI 为调用程序运行的必要程序函数或子程序；第 4 行 PTP HOME Vel＝100% DEFAULT 用关节运动（PTP）将机器人移动到安全点；第 6 行与第 4 行的内容相同，其含义是在机器人完成所有动作之后，再次回到安全点；END 用于结束程序。

默认的空白程序行，用户可以根据需要保留或删除。将光标移动到需要删除的程序行，使之呈深色显示（①），单击界面右下方的"编辑"按键（③），即打开编辑菜单，如图 6-23

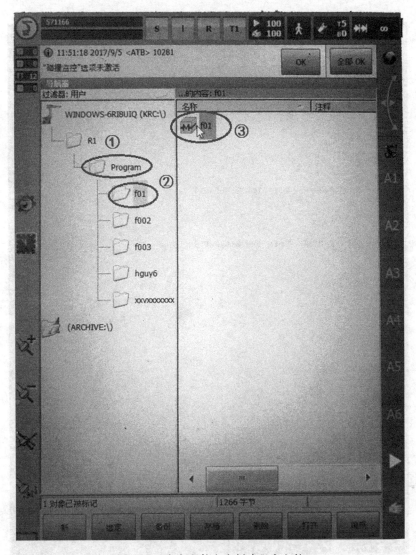

图 6-20　在主文件夹中创建程序文件

所示。单击打开的菜单中的"删除"按键（②），即出现删除确认对话框，单击"是"即删除选中的空白程序行。

完成默认程序行的处理之后，将光标移动到第 4 行，压下"使能（DEADMEN）"键，检查机器人当前所处的位置。单击左下方"更改"（⑤）按键，即打开如图 6-24 所示的程序更改界面。选中更改的程序行以 PTP 运动通用格式显示，但其中的参数是系统默认值，需要用户进行更改确认。

如检查后发现当前点不是合适的安全点（HOME），则需手动移动机器人至安全点。在机器人移动的过程中各关节代码指示灯点亮，如图 6-25 所示。小心仔细移动机器人至合适的安全点之后，单击③所指的"确认参数"按键，将显示如①所示"数据表不可更改"提示框。单击该提示框中的"是"按键，将出现如②所示的"确实要接受点"HOME"？"确认对话框，单击"是"即完成安全点的确认。

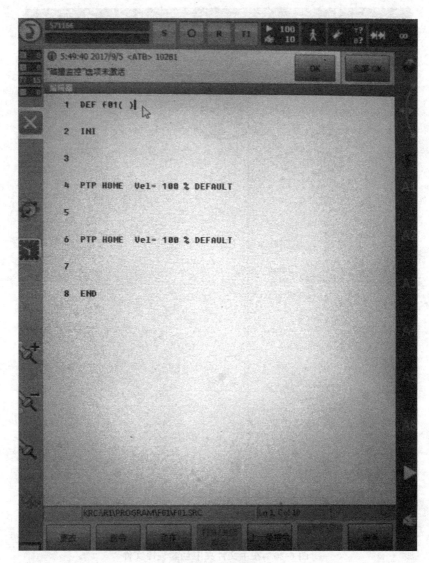

图 6-21　程序编辑器

```
编辑器
1 DEF f01 ( )
2 INI
3
4 PTP HOME Vel=100% DEFAULT
5
6 PTP HOME Vel=100% DEFAULT
7
8 END
```

图 6-22　新建文件的默认程序行

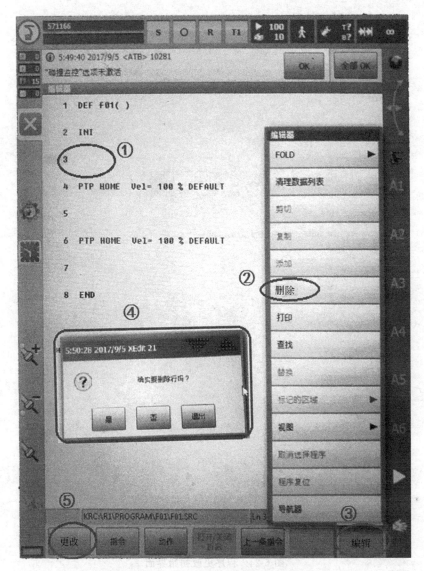

图 6-23　程序空白行删除操作

速度 Vel 的更改只需用光笔点击速度百分比，将打开如图 6-27 所示的数字键盘，用光笔输入数字，点击回车键即完成修改。完成所有栏目的更改之后，单击图 6-26 中④所指的"指令 OK"按键，即完成程序行的修改。

2. 插入新的程序行

在编辑器界面中可以插入新的程序行，用光笔选中需要在其后面的程序行，如图 6-28 中的第 3 行。单击编辑器下方的"指令"，将出现第 1 列指令，有"Arc Tech"、"运动"、"移动参数"、"逻辑"、"模拟输出"、"注释"和"CmdUserTech"等第 1 级菜单，如图 6-29（a）所示。在这里我们需要使用一种运动移动机器人，因此点击"运动"菜单行，展开 2 级菜单。在"运动"菜单下的选项有"PTP"、"LIN"、"CIRC"、"样条组"、"SPL"、"SLIN"、"SCITC"、"PTP 样条组"和"SPTP"等多种运动，如图 6-29（b）所示。对于初

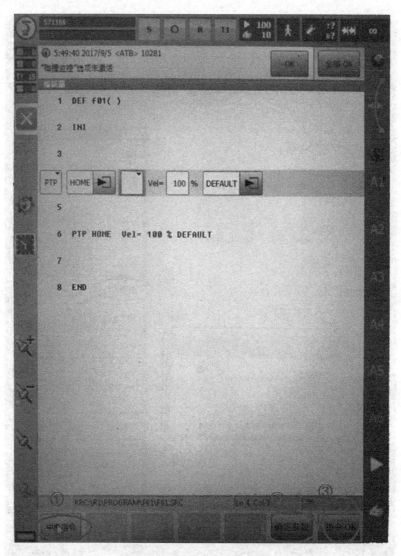

图 6-24　程序更改初始界面

学者主要学习"PTP"、"LIN"和"CIRC"等3种基本运动编程和操作，其他的运动可详细阅读 KUKA 编程说明书来学习。

　　单击选定 PTP 即在第3行后插入与图 6-3 类似的新程序行。按与 HOME 修改相同的操作方法和步骤，将机器人移动到程序的第1点 P1，更改速度和其他需要修改的参数。对于系统默认的参数用户不必进行操作。指令修改完成后，单击"指令 OK"按键，新的指令就创建完成。下面为使用 PTP 运动指令将机器人从 HOME 点移动到 P1 点的程序行：

4　PTP　P1　Vel＝50％　PDAT1　Tool[7]：T7 Base [32]

　　在焊接机器人系统中，如果到达的点是起弧点，则需要在图 6-29(a) 所示的菜单中，选择"ArcTech"打开如图 6-30 所示的焊接指令菜单。此处是要编写一个起弧指令，故选中"ARC 开"按键，单击后显示如图 6-31 所示的焊接指令编辑画面。

　　在编程过程出错时，随时按图中①"中断指令"按键，可取消刚才的操作。②为 PTP 运动时的起弧指令格式，为系统默认状态，需要用户进行修改和确认。③"Touch Up"按

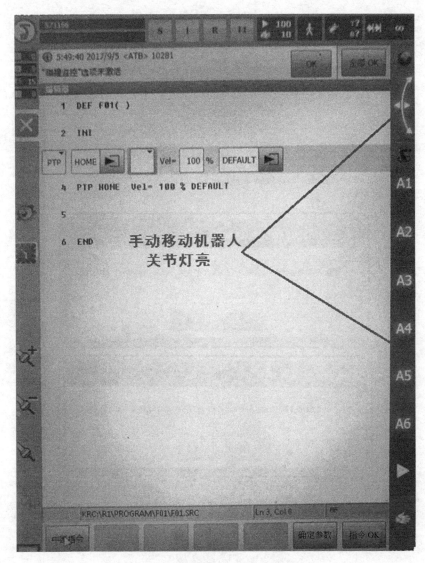

图 6-25　手动移动机器时关节灯亮

键用于快速保存当前坐标，并给出如⑤所示"当前坐标已应用于点 XP3 中，该点已重新创建"的提示，告知用户 P3 点的坐标已保存。每条程序完成后都需要单击④"指令 OK"按键进行确认，确认后起弧程序行如下。

6　ARCON　WDAT1　PTP　P3　Vel＝100％　PDAT3　Tool[1]：my tool Base [0]

对于直线焊接，由起弧点和关闭电弧点两点就可以确定机器人的运行轨迹。手动移动机器人到关闭电弧点，在焊接指令菜单中选择"ARC 关"，按起弧点相同的方法进行参数修改，即可完成 LIN（直线）关闭电弧程序的创建：

7　ARCOFF　WDAT1　LIN　P4　Vel＝100％　CPDAT3　Tool[1]：my tool Base [0]

焊枪灭弧之后需要抬离焊接板，移动到一个过渡点，需要插入一个 PTP 运动，以便机器人快速离开灭弧点。指令如下。

8　PTP　P5　Vel＝50％　PDAT4 Tool[7]：T7 Base [32]

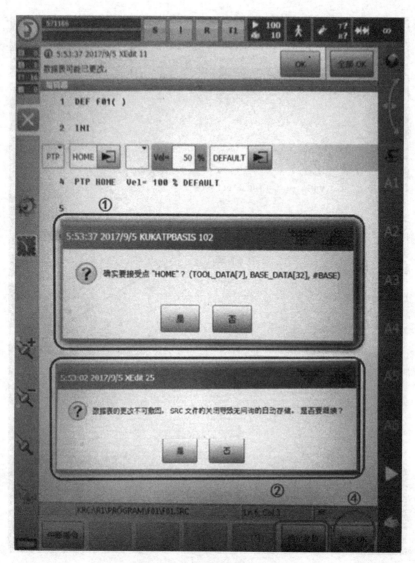

图 6-26　安全点（HOME）确认操作

最后将系统默认的结束安全点进行编辑和修改，使焊枪回到程序开始时的安全点。完整的直线焊接运动程序，如图 6-32 所示。

6.2.3　KUKA 机器人程序的运行

程序运行前必须退出程序编辑界面，回到导航器界面，如图 6-33 所示。图中①栏为文件过滤器，其中深色显示的"Program"文件夹为存放焊接程序的主文件夹。②栏为主文件夹下的子文件夹和焊接程序文件。③所示的"Man"文件是准备运行的程序。④为程序"选定"按键，单击此按键，选定的程序如图 6-34 所示。特别注意一点，选定程序图标呈灰色显示，而打开处于编辑状态的程序此图标 ✕ 橙色显示。

在确认等待运行的程序处于选定状态之后，检查钥匙开关是否处于可以模拟运行的 T1状态，再确认焊枪处于断电状态，如图 6-35 所示。图中①所示的焊枪出现红色的"×"，同

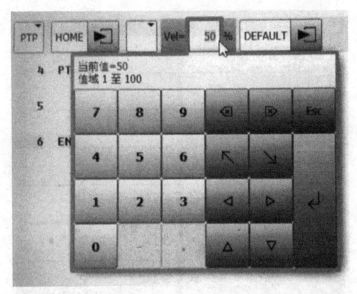

图 6-27　速度的更改

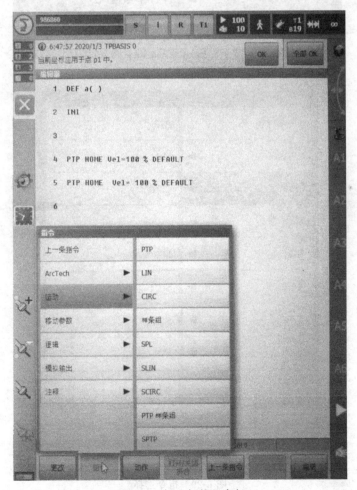

图 6-28　插入新的程序行

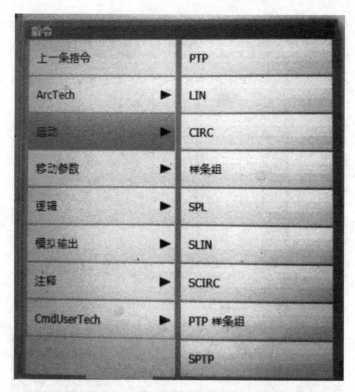

(a)

(b)

图 6-29　指令选择

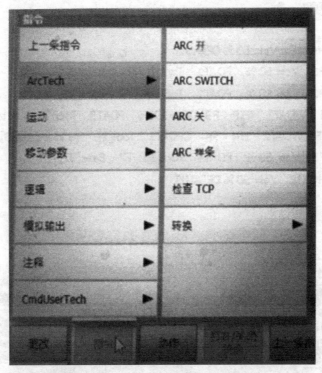

图 6-30　焊接指令选择

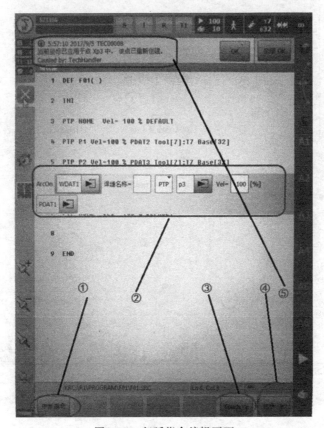

图 6-31　起弧指令编辑画面

```
1  DEF   FO2(  )
2  INI
3  PTP  HOME  Vel= 50 % DEFAULT
4  PTP  P1  Vel= 50 %   PDAT1  Tool[1]: T7   Base[32]
5  PTP  P2  Vel= 50 %   PDAT2  Tool[1]: T7   Base[32]
6  ARCON  WDAT1  PTP  P3  Vel=100%  PDAT3  Tool[1]: my tool Base[0]
7  ARCOFF  WDAT2  UN  P4  CPDAT1   Tool[1]: my tool Base[0]
8  PTP  P5  Vel= 50 %   PDAT4  Tool[1]: T7   Base[32]
9  PTP  HOME  Vel= 50 % DEFAULT
10
11  END
```

图 6-32　简单直线焊接程序

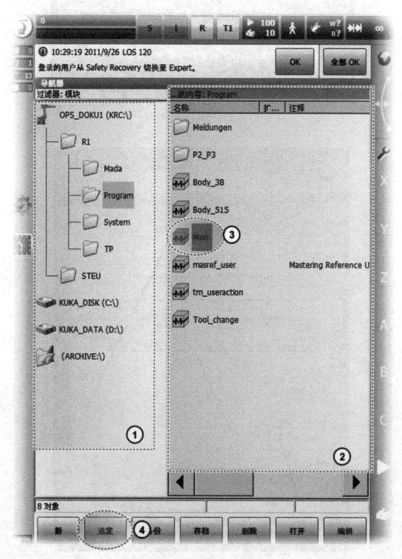

图 6-33　运行程序的选定

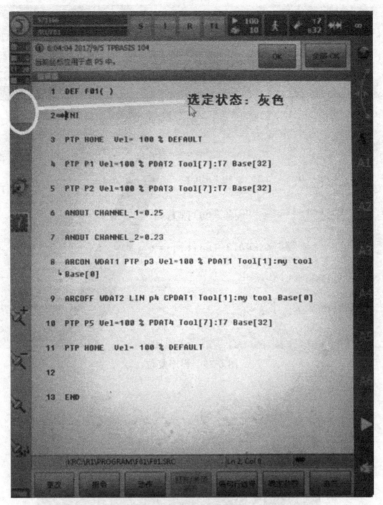

图 6-34　等待运行程序的选定状态

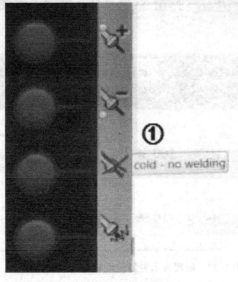

图 6-35　焊枪断电

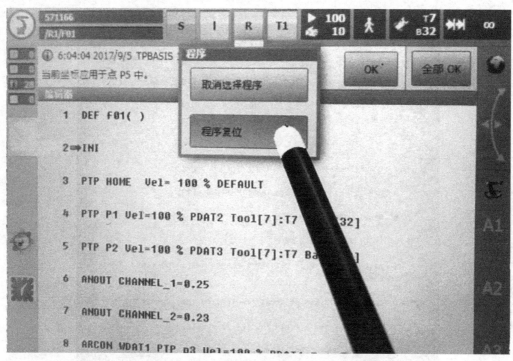

图 6-36　程序复位

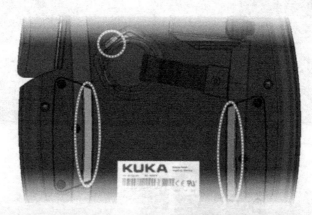

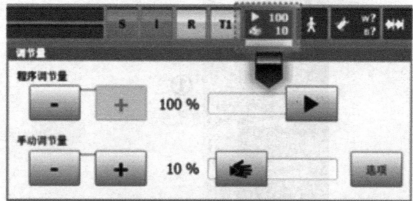

图 6-37　机器人示教器使能键与运行速度调节

时出现"cold-no welding（冷-没有进行焊接）"提示。同时表示机器人程序运行状态的"R"呈黄色显示，单击该按键打开选项可以进行程序复位或取消程序的选择。如图 6-36 所示。

完成上述检查和确认后，按下示教器背面的"使能"键，如图 6-37 所示。

在运行程序前，可以按压"倍率"按键，调节机器人运动速度，如图 6-38 所示。设定倍率之后，按住如图 6-38 所示的启动键，即可进行机器人程序的手动模拟。

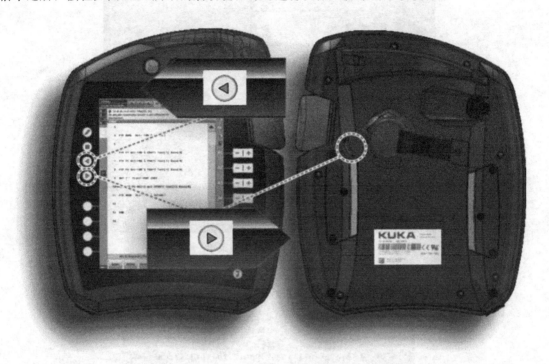

图 6-38　启动程序手动模拟

6.3　KUKA 机器人的直线焊接编程

6.3.1　直线焊接程序的完善

在完成如图 6-32 所示的不带点火功能的简单直线焊接程序后，还需要进行焊接工艺参数的设置，在如图 6-32 所示的第 6 行 ARCON 指令前插入相应的指令。将光标移动到第 5 行末尾，在编辑器的下方单击"指令"按键，打开如图 3-39 插入模拟量菜单。

单击"静态"按键，在第 5、6 行之间将插入一行" ANOUT CHANNEL _1=［ ］"。"ANOUT"表示模拟量输出，"CHANNEL _1"表示电压，默认值为 0 的空白栏，用于输入电压设定值。在空白栏中将打开数字输入键盘，以及相应的输入数值范围提示，如图 6-40 所示。提示电压的设定范围为 0～1，对于低碳钢的 CO_2 气体保护焊，电压一般设定为 0.15～0.30。

按相同方法插入第 2 个模拟量输入程序行，单击"CHANNEL _1"打开通道选择菜单栏，如图 6-41 所示。KUKA 有很多通道用于不同参数的设定，我们选定"CHANNEL _2"

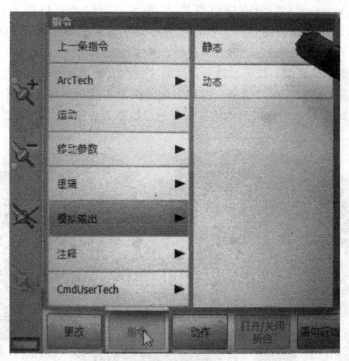

图 6-39　模拟量选项菜单

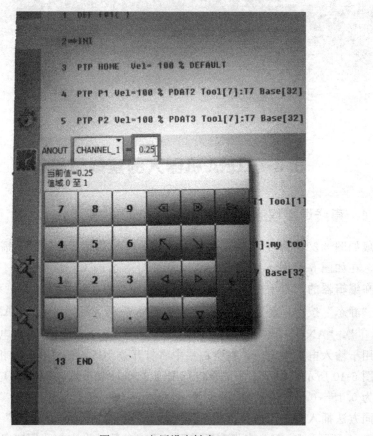

图 6-40　电压设定键盘

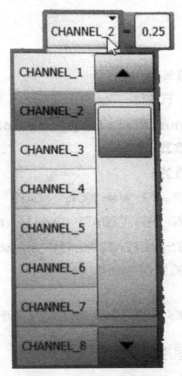

图 6-41 通道选择

为电流通道。单击图中"0.23"数值，会打开电流设定数字输入软键盘，以及电流设定范围提示，如图 6-42 所示。

图 6-42 电流设定

与不带点火功能的直线焊接程序相比，增加了 2 行焊接工艺参数的输入程序。另外，PTP 运动控制机器人以最快的速度移动到目标点，而不保证路径。因此，需要将起弧点 P2 和关弧点 P5 的运动由 PTP 改为 LIN。详细的程序如图 6-43 所示。

```
1   DEF   F02(   )
2   INI
3   PTP   HOME   Vel= 50 % DEFAULT
4   PTP   P1  Vel= 50 %   PDAT1   Tool[1]: T7 Base[32]
5   LIN   P2     Vel= 0.05 m/s CPDAT1 Tool[1]:  my tool Base[0]
6   ANOUT CHANNEL_1=0.23
7   ANOUT CHANNEL_2=0.25
8   ARCON  WDAT1  PTP  P3  Vel=100%   PDAT3  Tool[1]: my tool Base[0]
9   ARCOFF  WDAT2  LIN  P4  CPDAT1   Tool[1]: my tool Base[0]
10  LIN   P5    Vel= 0.05 m/s CPDAT1 Tool[1]:  my tool Base[0]
11  PTP   HOME   Vel= 50 % DEFAULT
12  END
```

图 6-43　带点火功能的直线焊接程序

6.3.2　直线轨迹焊接程序解析

为了更方便初学者的理解和使用，表 6-3 为各程序行的含义及操作要领。

表 6-3　直线焊接程序功能解析一览表

序号	程序行	功能解析
1	DEF　F02（ ）	程序名
2	INI	标准参数的调用
3	PTP HOME　Vel= 50 % DEFAULT	机器人 TCP 的程序起点或安全点（已知位置或可更改至安全位置作为起点）
4	PTP P1 Vel= 50 %　PDAT1　Tool[1]：T7 Base[32]	机器人以最快的速度以曲线形式将 TCP 靠近目标点（靠近直线起始区，设此点可在特殊情况下避开障碍物）
5	LIN P2 Vel = 0.05 m/s CPDAT1 Tool[1]：my tool Base[0]	机器人按一定的速度以直线形式将 TCP 引至目标点（逼近直线起始点 A）
6	ANOUT CHANNEL_1=0.23	设置电压为 0.23
7	ANOUT CHANNEL_2=0.25	设置电流为 0.25
8	ARCON WDAT1 LIN P3 Vel = 100% PDAT3 Tool[1]：my tool Base[0]	机器人按一定的速度以直线形式将 TCP 引至目标点，并按设定的焊接工艺参数起弧，进行焊接
9	ARCOFF WDAT2 LIN P4 CPDAT1 Tool[1]：my tool Base[0]	机器人按一定的速度以直线形式将 TCP 引至目标点，并关闭电弧
10	LIN P5 Vel = 0.05 m/s CPDAT1 Tool[1]：my tool Base[0]	机器人按一定的速度以直线形式将 TCP 引至目标点
11	PTP　HOME　Vel= 50 % DEFAULT	机器人以最快的速度以曲线形式回到 TCP 的程序起点或安全点
12	END	程序结束

6.4　KUKA 机器人圆弧焊接编程

6.4.1　圆弧焊接程序的完善

按直线焊接编程相同的方法完成圆弧焊接第 1 行到第 8 行 ARCON 指令的编程和修改，接下来进行 ARCOFF 指令的编写，如图 6-44 所示。

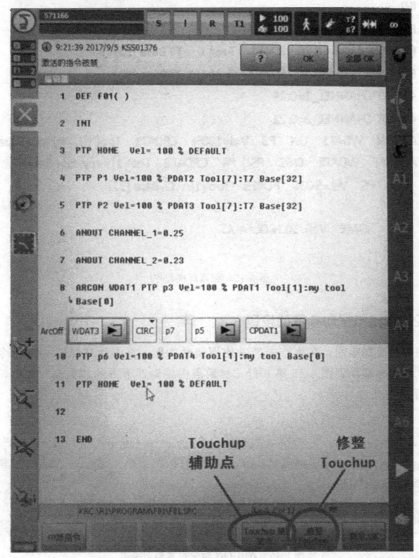

图 6-44　ARCOFF 程序行初始界面

从起弧点到关闭电弧点在圆弧焊接中是一条圆弧路径，所以必须使用 CIRC 圆弧运动指令。与直线运动不同的地方是一段圆弧需要三点才能确定，除了起弧点之外，还需要确定辅助点和修整点的坐标。

手动移动机器人 TCP 至这段圆弧的第 2 个点，或称为过渡点，点击"TouchUp 辅助点"按键，保存第 2 点坐标信息。再次手动移动 TCP 至圆弧的第 3 个点，或称为终点，点击"修整 TouchUp"按键，保存第 3 点坐标信息。最后点击"指令 OK"按键，ARCOFF 程序行编写完毕。程序指令如下。

9　ARCOFF　WDAT2　CIRC　P5 ｜ P4　CPDAT2　Tool[1]：my tool Base [0]

完成关闭电弧指令编写后，完成枪头抬起到过渡点，再回到（Home）安全点的指令编写，即完成了圆弧焊接程序的编写。如图 6-45 所示。

```
1   DEF   F03(    )
2   INI
3   PTP   HOME   Vel= 50 % DEFAULT
4   PTP   P1  Vel= 50 %   PDAT1   Tool[1]: T7 Base [32]
5   PTP   P2  Vel= 50 %   PDAT2   Tool[1]: T7 Base [32]
6   ANOUT CHANNEL_1=0.24
7   ANOUT CHANNEL_2=0.22
8   ARCON   WDAT1   LIN   P3  Vel=100%   CPDAT1   Tool[1]: my tool Base[0]
9   ARCOFF   WDAT2   CIRC   P5 | P4   CPDAT2   Tool[1]: my tool Base[0]
10  PTP   P6  Vel= 50%   PDAT3   Tool[1]: T7 Base [32]
11
12  PTP   HOME   Vel= 50 % DEFAULT
13  END
```

图 6-45　圆弧焊接程序

6.4.2　焊接与摆动参数的设置

为了使焊缝更加牢固，在生产中经常使用摆动功能，其参数在 ARCON 指令中进行设置和修改。将光标移动到图 6-45 第 8 行，然后点击编辑器下方的"更改"按键，即出现如图 6-46 所示菜单条。

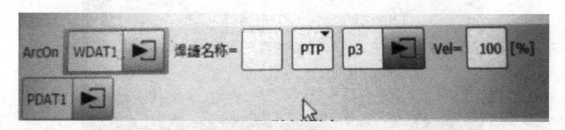

图 6-46　ARCON 指令设置初始菜单

点击"WDAT1"栏右侧的箭头，即可打开有 3 个选项卡的菜单项，如图 6-47 为焊接参数设置卡。此处主要是设置机器人速度。通过按左右两侧的"＋"或"－"可以调整速度值，其单位为 m/min。或者在 0.5 所在的空白处单击，即可打开如图 6-48 所示的速度设置键盘。系统提示机器人速度设置范围为 0.05～2m/min，直接用光笔点击数字输入，按回车确认即可

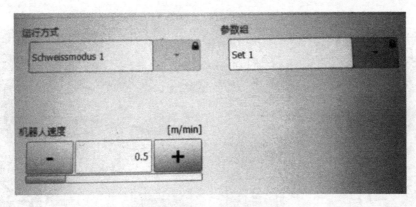

图 6-47 焊接参数设置卡

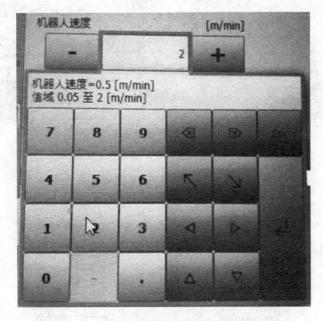

图 6-48 机器人速度输入键盘

引弧参数一般使用系统默认值，此处不展开讲解，如有需要请参阅 KUKA 机器人编程说明书。点击摆动按键，即可切换到摆动参数设置卡，如图 6-49 所示。在进行摆动参数设置之前，需要通过单击模型栏的下拉箭头，展开如图 6-50 所示的摆动类型选择菜单，选定合适的摆动焊接方式。各种摆动焊接的具体含义和特点，参见本章 6.1.3 焊接指令中的摆动焊接指令。

摆动焊接参数中的"长度"、"偏转（宽度）"和"角度"均可以按机器人速度设定相同的方法完成，系统对每种参数的设定范围均给出了提示。如图 6-51～图 6-53 所示。

6.4.3 圆弧轨迹焊接程序解析

为了更方便初学者的理解和使用，表 6-4 为各程序行的含义及操作要领。

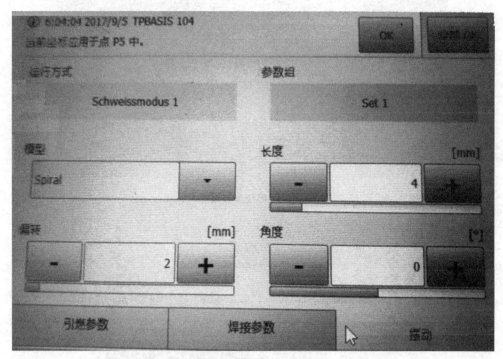

图 6-49　摆动参数设置卡

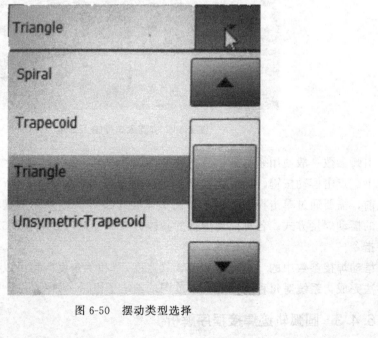

图 6-50　摆动类型选择

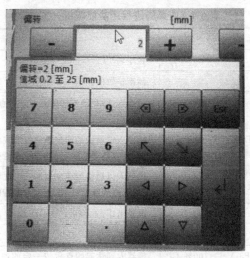

图 6-51　偏转设置

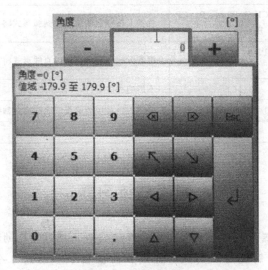

图 6-52　角度设置

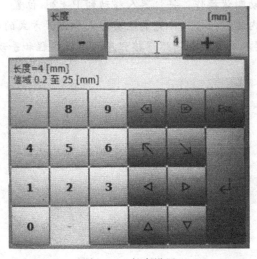

图 6-53　长度设置

表 6-4 圆弧焊接程序功能解析一览表

序号	程序行	功能解析
1	DEF　F03（　）	程序名
2	INI	标准参数的调用
3	PTP HOME Vel＝50％ DEFAULT	机器人 TCP 的程序起点或安全点（已知位置或可更改至安全位置作为起点）
4	PTP P1 Vel＝50％ PDAT1 Tool［1］：T7 Base［32］	机器人以最快的速度以曲线形式将 TCP 靠近目标点（靠近直线起始区，设此点可在特殊情况下避开障碍物）
5	PTP P2 Vel＝50％ PDAT2 Tool［1］：T7 Base［32］	机器人以最快的速度以曲线形式将 TCP 靠近目标点（靠近直线起始区，设此点可在特殊情况下避开障碍物）
6	ANOUT CHANNEL_1＝0.24	设置电压为 0.24
7	ANOUT CHANNEL_2＝0.22	设置电流为 0.22
8	ARCON WDAT1 LIN P3 Vel＝100％ CP-DAT1 Tool［1］:my tool Base［0］	机器人到达起始点后按一定的速度以圆弧形式将 TCP 运行至新目标点（运行至圆弧辅助点 B 以及圆弧终结点 C）
9	ARCOFF WDAT2 CIRC P5 ｜ P4 CP-DAT2 Tool［1］:my tool Base［0］	机器人按一定的速度以圆弧形式将 TCP 引至目标点，并关闭电弧
10	PTP P6 Vel＝50％ PDAT3 Tool［1］：T7 Base［32］	机器人按一定的速度以直线形式将 TCP 引至目标点
11	空白行	不影响程序运行，可以删除
12	PTP HOME Vel＝ 50 ％ DEFAULT	机器人以最快的速度以曲线形式回到 TCP 的程序起点或安全点
13	END	程序结束

思考与练习题

1. 简述 KUKA 机器人的常用动作指令和焊接指令、摆焊指令的格式特点。

2. 依序将机器人分别使用点到点、直线和圆弧指令移动到 3 个不同的点位，命名为 TEST001。

3. 完成第 2 题的手动测试操作，将机器人移动到 P［2］位置。

4. 对第 2 题的程序内容进行修改，完成运动形式和逼近方式的更改，并完成手动测试。

5. 完成 KUKA 机器人的直线和圆弧焊接程序的示教编程和手动测试操作。

提高篇

第7章 **空间位置机器人焊接的编程与操作**

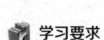 **学习要求**

本章为初学者的提高学习内容，通过本章学习空间位置焊接的特点及难点，机器人空间焊接的优点；初步掌握角接焊缝、管板焊缝和平板对接焊缝的焊接工程规程，以及机器人焊接编程的基本操作。应能够根据工件的材料、工件焊接结构特点和焊接质量要求，规划焊接加工工艺，并完成示教编程。

焊接结构广泛应用于桥梁、厂房、车辆、船体和飞机等结构的制造，这些结构件形状复杂、强度要求高，只有使用合理的焊接接头形式和焊接位置，才能达到产品制造要求。

所谓接头是指两个或两个以上零件用焊接方法连接的接头，包括焊缝、熔合区和热影响区。焊缝是母材金属及填充金属熔化后又以较快的速度冷却凝固后形成的区域，常用角焊缝和对接焊缝。

角焊缝（Fillet Weld Seam）是沿两直交或近直交零件的交线焊接而形成的焊缝，如图7-1 所示。对接焊缝（Butt Weld Seam）是在焊件的坡口面之间或一焊件的坡口面与另一焊

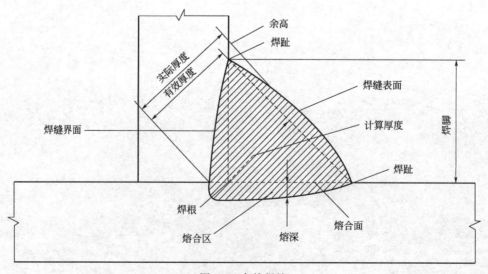

图 7-1　角接焊缝

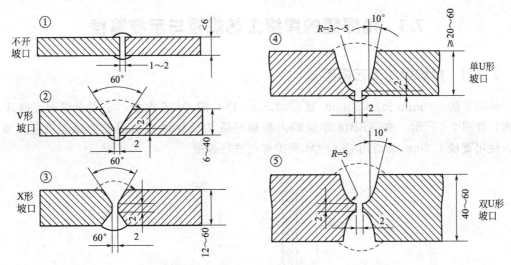

图 7-2　对接焊缝

件端（表）面之间焊接而形成的焊缝，也称坡口焊缝，如图 7-2 所示。如果一个焊接接头既有对接焊缝，又有角焊缝，这样的焊缝称为组合焊缝。

　　焊接构件大多数为空间结构，如图 7-3 所示的桥梁和标准厂房常用的工字钢梁，由于重量大、搬运和翻转困难，通常需要采用不同的焊接位置才能完成。所谓焊接位置就是焊件接缝所处的空间位置，有平焊、立焊、横焊和仰焊等位置。

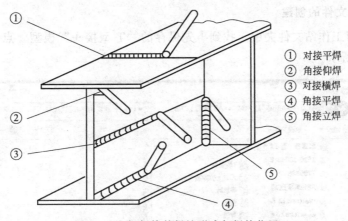

① 对接平焊
② 角接仰焊
③ 对接横焊
④ 角接平焊
⑤ 角接立焊

图 7-3　空间焊接的焊缝形式与焊接位置

　　焊接位置对施焊的难易程度、焊接质量和生产率都有很大的影响。平焊在一个水平面上焊枪枪头向下进行焊接，操作方便，劳动强度小，熔化的金属不会外流，飞溅较少，易于保证质量，是最理想的焊接位置，应尽可能地采用。立焊时，焊枪枪头在垂直面上上下移动焊接；横焊时，焊枪枪头在垂直面上水平移动焊接。这两种位置焊接时，熔化金属有下流倾向，不易操作。仰焊时，焊枪枪头向上在一个水平面上移动焊接，位置最差，操作难度大，不易保证质量。

　　空间位置的焊接对焊接工艺设计和机器人编程的要求都很高，本章以 ABB 机器人、福尼斯焊机构成的焊接机器人系统为例，仅介绍平板角焊缝、管板角焊缝和平板对接焊缝等 3 种焊缝的机器人焊接示教编程。

7.1 角焊缝的焊接工艺规程与示教编程

7.1.1 角焊缝的工艺规程

采用 2 块 200mm（长）×50mm（宽）×12mm（厚）的 Q235 钢板，手工点焊固定成 T 形结构，如图 7-4 所示。在 ABB1400 机器人和福尼斯 TPS2700 焊机组成的弧焊机器人系统中，使用直径 1.2mm 的通用 CO_2 气体保护焊丝进行焊接。

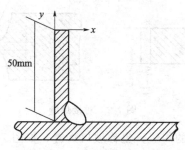

图 7-4 平板角焊缝示意图

焊接前的试件清理和焊后质量等要求，详细角焊缝焊接工艺卡，见表 7-1。

7.1.2 角焊缝的示教编程

1. 新建例行文件的创建

在 ABB 练习工作站文件夹中，找到事先保存的"T 型接头"模型，点击"打开"按键打开，如图 7-5 所示。

图 7-5 打开工件

在工具栏中选择"控制器"，单击" 输入输出"，打开如图 7-6 所示画面。然后将其值

表 7-1　角接焊缝工艺卡

焊接工艺卡		焊卡编号	5

设备名称	T 形接头
产品图号	—
基本金属	—
工艺评定编号	—
焊工资格	焊接人员应取得相应的焊工资格证方可上岗

焊接材料

牌号	规格	烘干温度	时间	用量
Er50-6	1.2mm	正面	—	—
		反面		
保护气体			CO₂	—

焊接工艺说明　节点图：

焊接过程　说明

序号	说　明
1	清理坡口及两侧 20mm 范围内的油漆及杂质
2	按图装配定位焊，定位焊的质量应该合格
3	焊接应严格按照本工艺卡执行
4	清理焊缝表面，焊缝表面无肉眼可见缺陷

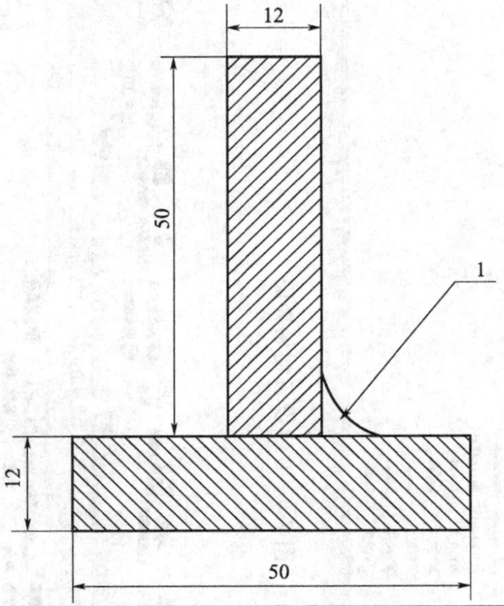

技术措施

焊接位置	—	摆动情况	自动
清根方法	—	导电嘴距离	—
其他要求	—		

焊接规范参数

焊接层次	焊接电流	焊接电压	焊接速度	气体流量	导电嘴与工件间距	摆动一个周期的宽度	摆动一个周期的长度
1	140A	18.7V	2mm/s	10L/min	30mm	6mm	2mm

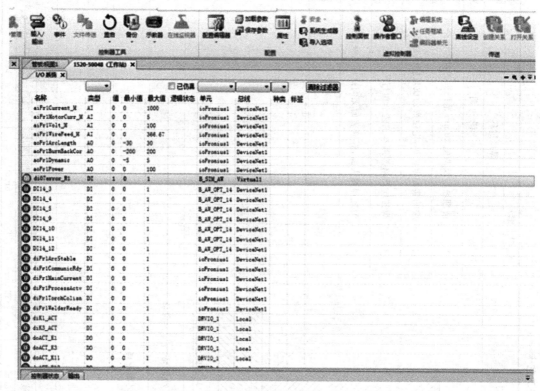

图 7-6　I/O 设备初始界面

修改为"0"，如图 7-7 所示。

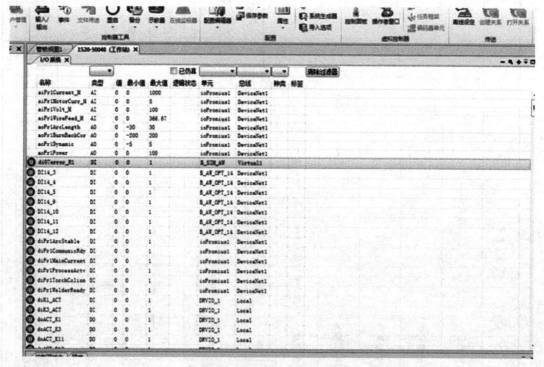

图 7-7　I/O 设备值的修改界面

选择工具栏中的"控制器—虚拟控制器",点击工作站虚拟控制器左上角的"ABB",打开如图 2-88 所示 AAB 机器人系统主菜单。按 程序编辑器,打开如图 7-8 所示的程序编辑器界面。

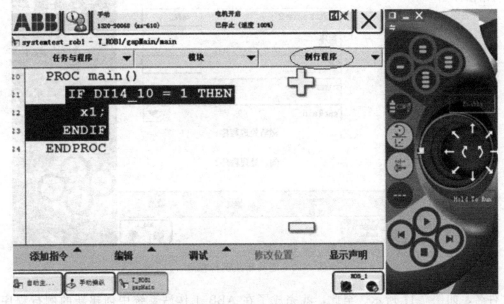

图 7-8 程序编辑器初始界面

点击"例行程序",系统显示已经存在的例行程序,如图 7-9 所示。

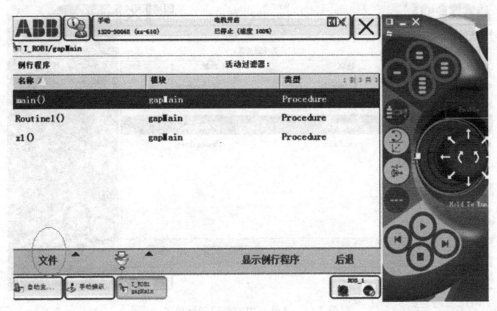

图 7-9 例行程序界面

点击"文件"右侧的向上箭头"▲",在展开的菜单选项中选择"新建例行程序…",打开定义例行程序界面,如图 7-10 所示。

新建例行程序的名称可以根据用户的需要进行修改和定义,此处输入"Routine2",然后点击画面右下偏中位置的"确定"图标,完成了新建例行程序的创建,并在文件夹显示程

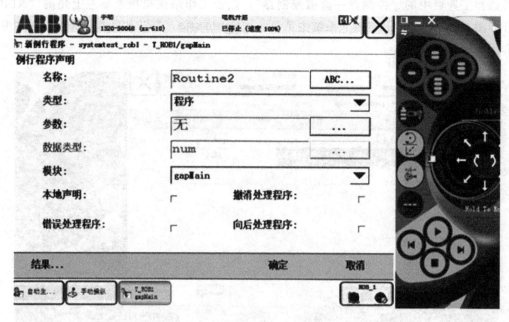

图 7-10 定义新建例行程序

序文件名，如图 7-11 所示。全此，就完成了在 ABB 工作站系统中创建新的例行程序的工作。

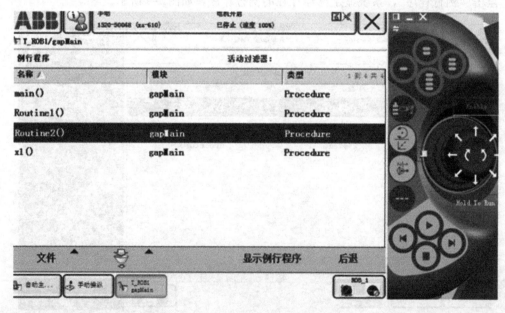

图 7-11 文件夹中的新建例行程序

2. 调用变位机

单击图 7-11 右下方"显示例行程序"按键，打开"程序编辑器"，再点击"添加指令"按键。添加指令画面右侧栏中显示的是如图 4-19 所示的"Common"菜单，可以单击"上一个"或"下一个"按键，找到"Motion&Proc"按钮并单击，就进入如图 7-12 所示的

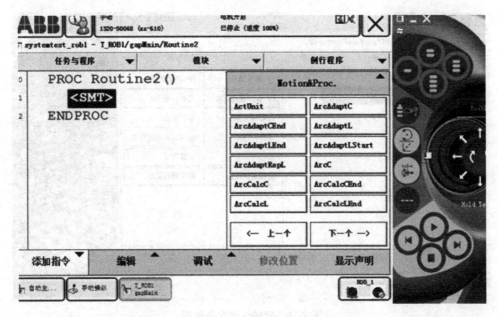

图 7-12　添加指令画面

"添加指令"画面。

　　单击"Motion&Proc"栏中的"ActUnit"按键，显示可用的外围设备名称，如图 7-13 所示。

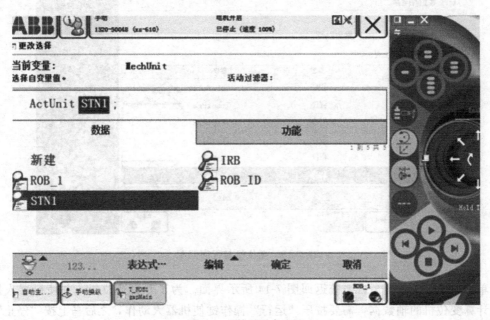

图 7-13　外围设备名录

　　进行空间焊接时一般需要变位器的配合，选用可用的变位器"STN1"，使之深色显示，再单击"确定"按键，即完成了外围设备的调用，如图 7-14 所示。

　　ABB 机器人可以保存多个程序，以方便使用，所以还需要建立变位机与程序之间的关

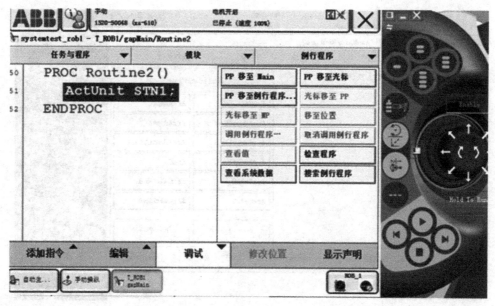

图 7-14　完成外围设备调用

系。通过单击"调试"→"PP 移至例行程序",打开例行程序列表,并用光笔选中前面建立的程序"Routine2",使之深色显示,如图 7-15 所示。

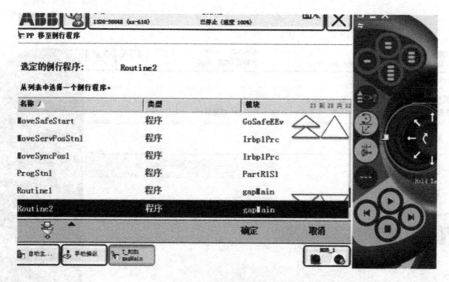

图 7-15　变位机与程序匹配

单击"确定"按键后,系统返回图 7-14 所示界面。为了开启变位机,并使机器人控制系统计算变位机的轴数据,需要按压"运行"操作键使机器人动作,之后马上按"停止"完成变位机调用设置。

3. 例行程序编辑

手动移动机器人,在确保安全的前提下使焊枪的 TCP 尽量接近 T 型结构的角焊缝位置,如图 7-16 所示。

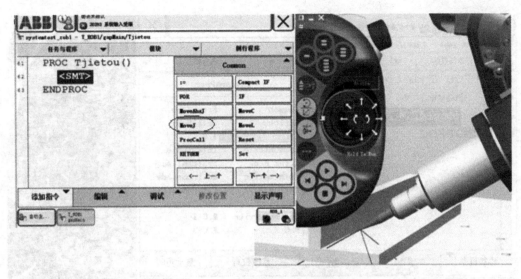

图 7-16　移动焊枪至安全位置

单击"Common"栏下的"MoveJ"关节运动指令记录安全点，如图 7-17 所示。

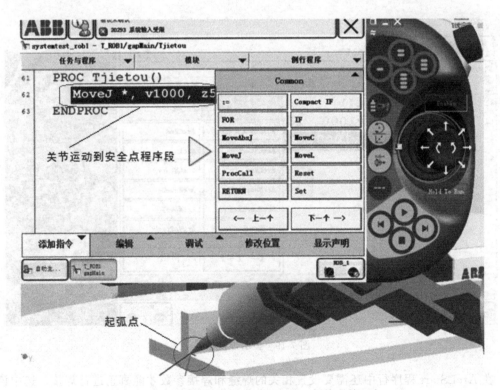

图 7-17　记录安全位并移动至起弧（焊接开始）点

单击"Common"栏下的"MoveL"直线运动指令记录起弧点，如图 7-18 所示。

单击"Common"切换成"Motionproc"栏，显示焊接指令，如图 7-19 所示。

单击"ArcLStart（焊接直线开始）"指令，完成直线动作下的起弧指令设置，如图 7-20所示。

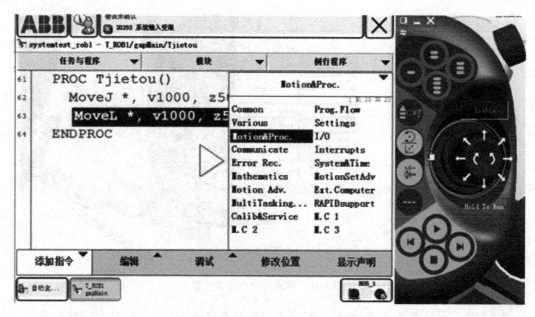

图 7-18　记录起弧（焊接开始）点

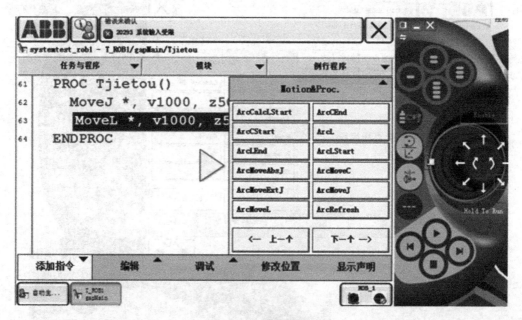

图 7-19　显示焊接指令

在 ArcLStart 程序行中还需要设置相关的焊缝和焊接参数才能真正进行焊接，选中该行程序，即进入如图 7-21 所示的参数设置界面。

在图 7-21 中 "seam1" 为已有系统默认参数的情况，单击打开功能设置栏，完成相关设置。图中〈EXP〉表示 "weld" 还没有系统默认参数，选中后需单击左侧的 "新建" 图标，新建 "weld1"，然后进行参数设置，如图 7-22 所示。

在完成起弧指令中的相关参数设置之后，再手动移动机器人，使焊枪的 TCP 点到达焊

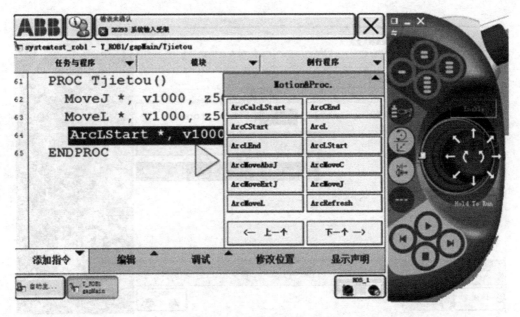

图 7-20　直线焊接开始（起弧）

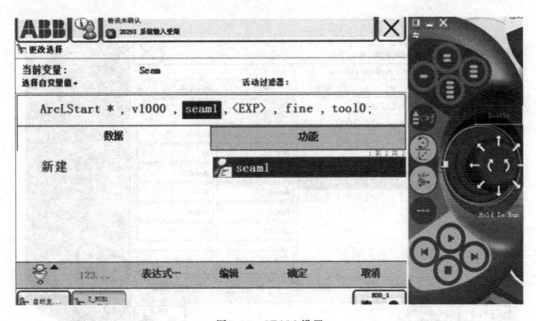

图 7-21　SEAM 设置

缝终点，用 "ArcLEnd" 结束直线焊接，关闭电弧，如图 7-23 所示。

在关闭电弧指令中需要进行摆动参数的设置。在设置之前还需要使 "Weave 摆动" 可用。打开如图 7-24 所示的 ArcEnd 指令选项框，单击 Weave 使之从 "未使用" 变成 "已使用"，然后关闭该对话框，即使 "Weave 摆动" 处于可设置参数状态。

按照起弧焊接参数设置相同的方法，在图 7-25 所示的 "Weave 设置" 对话框完成摆动参数的设置。

图 7-22　WELD 设置

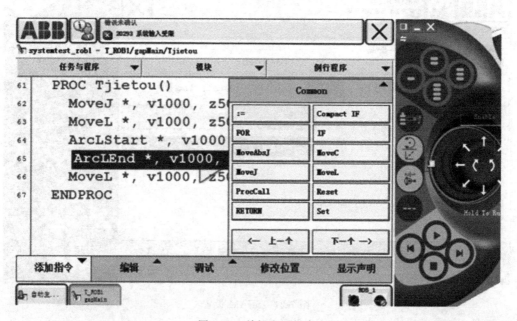

图 7-23　关闭电弧指令

手动移动机器人从焊接结束点到过渡点，使用 MoveL 记录指令。最后，机器人需要回到安全点，我们可以采用复制指令的方式进行编辑。在图 7-26 中选择第 1 条程序指令，点击"编制"→"复制"，如图 7-26 所示。

选择最后一句程序指令，点击"粘贴"，如图 7-27 所示。运行该指令使机器人回到安全点，再点击"Common"→"Prong. Flow"→"Stop"，即完成全部指令的编辑。

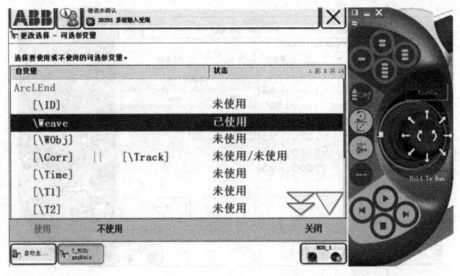

图 7-24　Weave 可用设置

图 7-25　Weave 参数设置

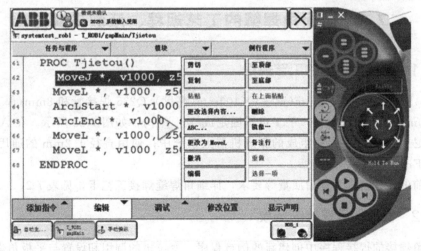

图 7-26　程序指令复制

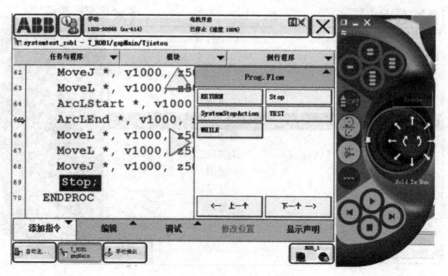

图 7-27 程序指令粘贴和结束

7.1.3 角焊缝焊接程序解析

ENDPROC

  PROC p44（ ）

  MoveJ＊,v1000,z50,tWeldGun；\\确定起始点

  MoveL ,v1000,z50,tWeldGun；\\靠近焊接点

  ArcLStart＊,v1000,seam1,weld1,fine,tWeldGun；\\移动到焊接起始点

  ArcLEnd＊,v1000,seam1,weld1\Weave：＝weave1,fine,tWeldGun；\\移动到焊接结束

  MoveL＊ ,v1000,z50,tWeldGun；\\离开焊接点

  MoveL＊,v1000,z50,tWeldGun；\\移动至安全位置

  Stop；\\结束

7.2 管板角焊缝的工艺规程、示教与实操

7.2.1 管板角焊缝的工艺规程

采用 ϕ52mm(外径)×4mm(壁厚)×100mm(高度) Q235 焊接管和 8mm(厚)×200mm(长)×200mm 的 Q235 钢板，手工点焊固定成 T 形结构，如图 7-28 所示。在 ABB1400 机器人和福尼斯 TPS2700 焊机组成的弧焊机器人系统中，使用直径 1.2mm 的通用 CO_2 气体保护焊丝 Er50-6 进行焊接。

焊接前的试件清理和焊后质量等要求，详细角焊缝焊接工艺卡，见表 7-2。

7.2.2 管板焊缝焊接的示教

管板角焊接的焊接程序中创建新的例行程序、变位机的调用和设置与平板角焊缝操作步

表 7-2　管板对接焊缝工艺卡

焊接工艺卡	管板对接				焊接工艺说明		焊卡编号	5
设备名称	管板对接				节点图：			
产品图号	—							
基本金属	—							
工艺评定编号	—							
焊工资格	焊接人员应取得相应的焊工资格证方可上岗							

节点图尺寸：φ52、48、100、200、2

焊接材料

牌号	规格	烘干温度	时间	用量
Er50-6	1.2mm	—	—	—

保护气体　正面 CO₂　反面 —

技术措施

焊接位置	自动
清根方法	—
其他要求	—
摆动情况	—
导电嘴距离	—

焊接规范参数

焊接速度	焊接电压	焊接电流	气体流量	导电嘴与工件间距	摆动一个周期的宽度	摆动一个周期的长度
2mm/s	18.7V	140A	10L/min	30min	6mm	2mm

焊接层次 1

焊接过程

序号	说　明
1	清理坡口及两侧 20mm 范围内的油漆及杂质
2	按图装配定位焊，定位焊质量应该合格
3	焊接应严格按照本工艺卡执行
4	清理焊缝表面，焊缝表面无肉眼可见缺陷

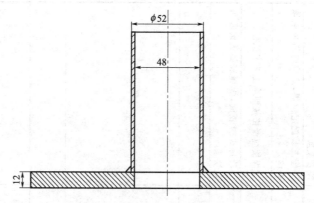

图 7-28　管板角焊缝示意图

骤是相同的，不再赘述，直接进入不同的示教部分。

　　点击"手动操纵"确认各使用坐标系，如图 7-29 所示。

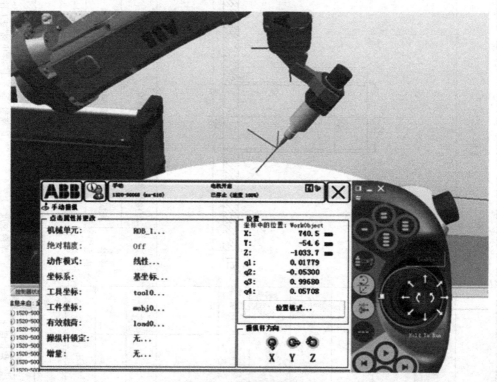

图 7-29　确认使用坐标系

　　接下来按平板角焊缝相同的操作方法和步骤完成安全点、起弧点和起弧指令的编辑，如图 7-30 所示。

　　管板角焊缝是沿管子外壁的圆弧焊缝，从焊接开始点到焊接结束点是一整圆，而 ABB 机器人不能一次性完成一整圆轨迹，而且由于空间和结构干涉等原因，均需要将整圆分成多段圆弧来完成焊接。

　　手动移动机器人沿圆弧移动一定距离，点击"ArcC"记录圆弧中间点 P1，如图 7-31 所示。

　　手动移动机器人沿圆弧继续移动一定距离，点击"修改位置"记录圆弧第 2 点 P2，如

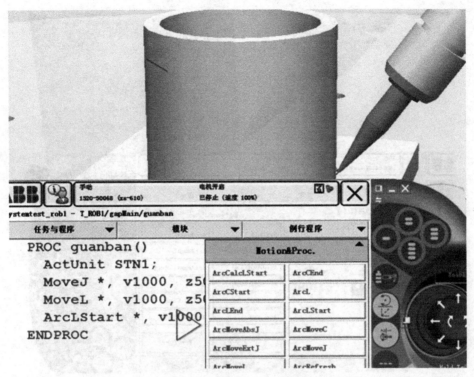

图 7-30 圆弧焊接起弧指令

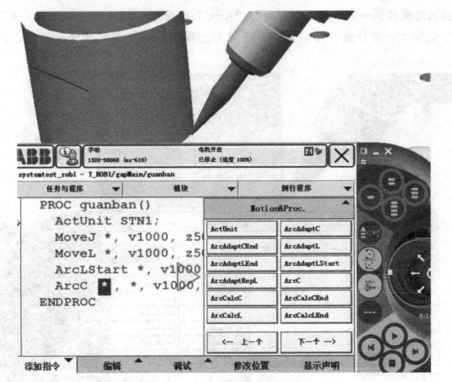

图 7-31 记录第 1 段圆弧中间点

图 7-32 所示。

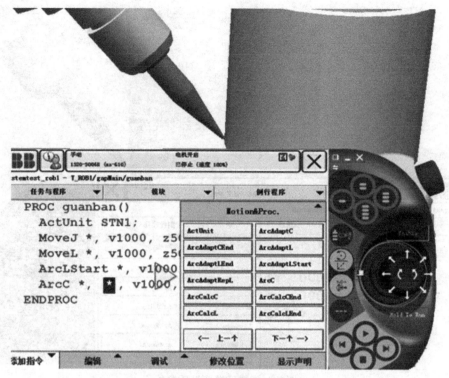

图 7-32　记录第 1 段圆弧第 2 点

沿圆弧继续移动一定距离，再次点击"ArcC"记录第 2 段圆弧的中间点。该圆由于焊枪角度变化较大，故分成好几段，注意在寻点过程中，每点要改变焊枪姿态，符合焊接要求。

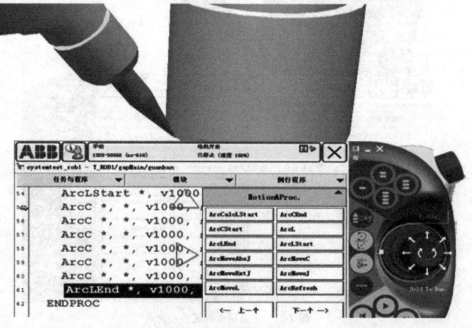

图 7-33　记录整圆弧最后点

按相同的步骤完成第 2 段圆弧的第 2 点，以及之后多段圆弧的中间点和修改点的位置记录。重复操作，机器人运动一整圆后，用点击"ArcCEnd"记录，如图 7-33 所示。

接着先移动机器人抬升离开焊缝位置，用 MoveL 记录该点。接着控制机器人快速移动到相对远离焊缝的位置，用 MoveJ 记录该点。如图 7-34 所示。

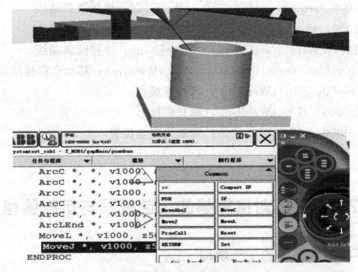

图 7-34　机器人远离焊缝位置

点击"Common"→"Prong. Flow"→"Stop"，即完成全部指令的编辑，如图 7-35 所示。

图 7-35　管板角焊缝程序完成

7.2.3　管板角焊缝程序解析

ENDPROC
PROC w33333 ()
    MoveJ * ，v1000，z50，tWeldGun；移动至起始点
    MoveL * ，v1000，z50，tWeldGun；靠近焊接点
    MoveL * ，v1000，z50，tWeldGun；靠近焊接点
    ArcLStart * ，v1000，seam1，weld1，fine，tWeldGun；移动至焊接起始点
    ArcC * ，v1000，seam1，weld1，z10，tWeldGun；焊接圆弧路线

ArcC＊，v1000，seam1，weld1，z10，tWeldGun；焊接圆弧路线

ArcC＊，v1000，seam1，weld1，z10，tWeldGun；焊接圆弧路线

ArcC＊，v1000，seam1，weld1，z10，tWeldGun；焊接圆弧路线

ArcC＊，v1000，seam1，weld1，z10，tWeldGun；焊接圆弧路线

ArcC＊，v1000，seam1，weld1，z10，tWeldGun；焊接圆弧路线

ArcC＊，v1000，seam1，weld1，z10，tWeldGun；焊接圆弧路线

ArcC＊，v1000，seam1，weld1，z10，tWeldGun；焊接圆弧路线

ArcLEnd＊，v1000，seam1，weld1，fine，tWeldGun；移动至焊接结束点

MoveL＊，v1000，z50，tWeldGun；离开焊接点

MoveL＊，v1000，z50，tWeldGun；离开焊接点

MoveL＊，v1000，z50，tWeldGun；移动至安全位置

Stop；停止

7.3　平板对接焊缝的工艺规程与示教编程

7.3.1　平板对接焊缝的工艺规程

采用 2 块 50mm（宽）×12mm（厚）×200mm（长）的 Q235 钢板，开单 V 形坡口，坡口角度为 60°，如图 7-36 所示。在 ABB1400 机器人和福尼斯 TPS2700 焊机组成的弧焊机器人系统中，使用直径 1.2mm 的通用 CO_2 气体保护焊丝 Er50-6 进行焊接。

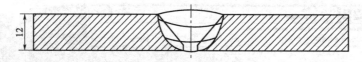

图 7-36　平板对接焊缝示意图

焊接前的试件清理和焊后质量等要求，详细角焊缝焊接工艺卡，见表 7-3。

7.3.2　平板对接焊缝焊接的示教

在确保安全的前提下，移动焊枪尽可能地接近焊缝位置，用 MoveJ 记录该安全点，如图 7-37 所示。

移动焊枪至焊接位置，MoveL 记录起弧点，如图 7-38 所示。

点击"Common"→"MotionProc"调出焊接指令界面，如图 7-39 所示。

起弧和关闭电弧指令编辑操作步骤和方法与角焊缝编程相同，不再赘述。下面重点介绍 seam（弧焊参数）的设置方法和步骤。

在图 7-22 WELD 设置所示的界面中，单击"确定"之后，再点击"ABB-程序数据"打开如图 7-40 画面，找到"seamdata"。

单击"seamdata"，打开程序数据编辑画面，如图 7-41 所示。

单击"编辑"→"更改值"进入参数编辑画面，如图 7-42 所示。弧焊参数（Seamdata）具体项目如表 7-4 所示。

表 7-3 平板对接焊缝工艺卡

焊接工艺卡		焊卡编号	1
设备名称	平板对接		
产品图号	—		
基本金属	—		
工艺评定编号	—		
焊工资格	焊接人员应取得相应的焊工资格证方可上岗		

焊接材料	牌号	Er50-6	规格	1.2mm	烘干温度	时间	用量
					—	—	—
保护气体	CO₂		正面	—		反面	—

节点图：

焊接工艺说明

焊缝宽度：比坡口两侧增宽 0.5～2mm

焊接规范参数	焊接位置	1G	摆动情况	自动
	清根方法	—	导电嘴距离	—
	其他要求	—		

焊接层次	焊接电流/A	焊接电压/V	焊接速度/(mm/s)	气体流量/(L/min)	导电嘴与工件间距/mm	摆动一个周期的宽度/mm	摆动一个周期的长度/mm
1	130	18.6	3	10	30	2	2
2	120	18.5	2.5	10	30	5	2
3	110	18.4	2	10	30	8	2

焊接过程	说明
序号	说明
1	清理坡口及两侧 20mm 范围内的油漆及杂质
2	按图装配定位焊，定位焊质量应该合格
3	焊接应严格按照本工艺卡执行
4	清理焊缝表面，焊缝表面无肉眼可见缺陷

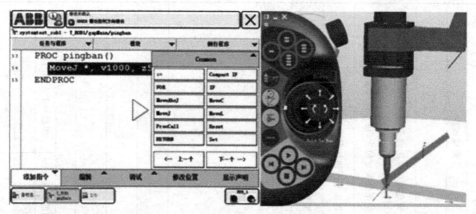

图 7-37　移动平板对接焊缝安全点

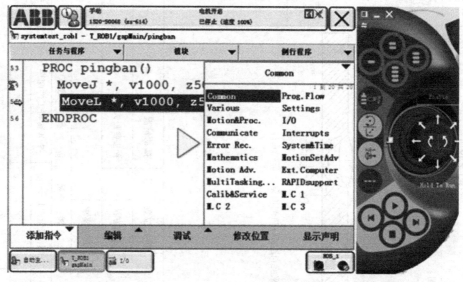

图 7-38　记录平板对接焊缝起弧点

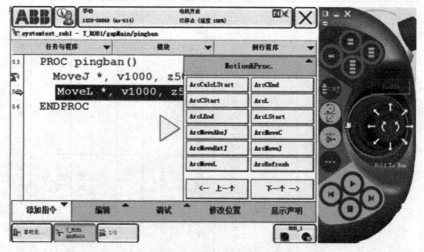

图 7-39　调出焊接指令

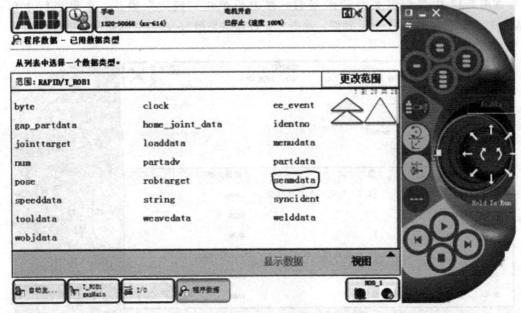

图 7-40　程序数据

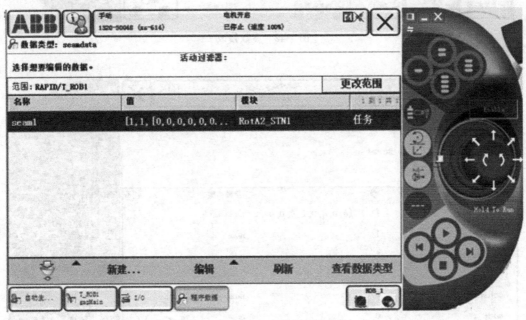

图 7-41　seam1 程序数据编辑

表 7-4　Seaml（弧焊参数 Seamdata）

弧焊参数（指令）	指令定义的参数
Purge_time	保护气管路的预充气时间
Preflow_time	保护气的预吹气时间
Bback_time	收弧时焊丝的回烧量
Postflow_time	收弧时为防止焊缝氧化保护气体的吹气时间

　　在图 7-42 中找到需要修改的参数，修改后单击"确定"确认。在程序行中单击"Weld1"，显示如图 7-43 所示界面，点击"查看数据类型"，即可继续修改焊接参数。

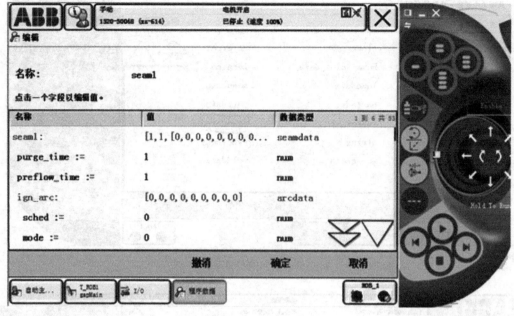

图 7-42　参数修改

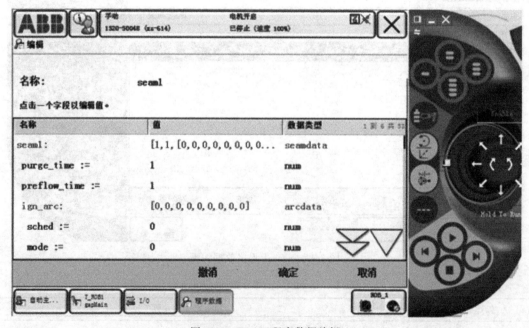

图 7-43　Weld1 程序数据编辑

　　在完成起弧和关闭电弧指令的示教之后，用与角焊缝相同的方法完成抬离焊接平面和返回安全点的指令示教编程，调用"Stop"指令，即完成平板对接焊缝的编程，如图 7-44 所示。

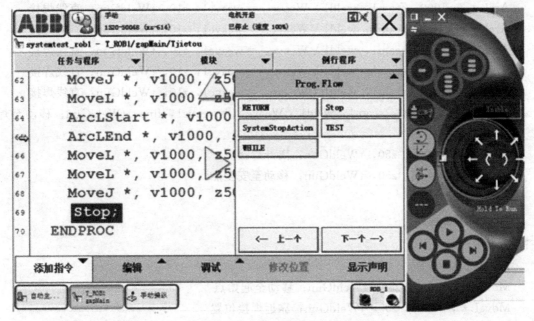

图 7-44 平板对接焊缝程序

7.3.3 平板对接焊缝程序解析

1. 打底焊接程序

ENDPROC

PROC pjw1（ ）

　　MoveJ＊，v1000，z50，tWeldGun；移动至起始点

　　MoveL＊，v1000，z50，tWeldGun；靠近焊接位置

　　ArcLStart＊，v1000，seam1，weld1，fine，tWeldGun；移动至焊接起始点

　　ArcL＊，v1000，seam1，weld1 ＼ Weave：＝weave1，z10，tWeldGun；直线焊接

　　ArcL＊，v1000，seam1，weld1 ＼ Weave：＝weave1，z10，tWeldGun；直线焊接

　　ArcL＊，v1000，seam1，weld1 ＼ Weave：＝weave1，z10，tWeldGun；直线焊接

　　ArcL＊，v1000，seam1，weld1 ＼ Weave：＝weave1，z10，tWeldGun；直线焊接

　　ArcLEnd＊，v1000，seam1，weld1 ＼ Weave：＝weave1，fine，tWeldGun；移动至焊接结束点

　　MoveL＊，v1000，z50，tWeldGun；离开焊接点

　　MoveL＊，v1000，z50，tWeldGun；移动至安全点

　　Stop；停止

2. 填充焊接程序

ENDPROC

　　PROC pjw2（ ）

　　MoveJ＊，v1000，z50，tWeldGun；移动至起始点

　　MoveL＊，v1000，z50，tWeldGun；靠近焊接位置

　　ArcLStart＊，v1000，seam1，weld1，fine，tWeldGun；移动至焊接起始点

ArcL *，v1000，seam1，weld1 \ Weave：=weave1，z10，tWeldGun；直线焊接
ArcL *，v1000，seam1，weld1 \ Weave：=weave1，z10，tWeldGun；直线焊接
ArcL *，v1000，seam1，weld1 \ Weave：=weave1，z10，tWeldGun；直线焊接
ArcL *，v1000，seam1，weld1 \ Weave：=weave1，z10，tWeldGun；直线焊接
ArcL *，v1000，seam1，weld1 \ Weave：=weave1，z10，tWeldGun；直线焊接
ArcLEnd *，v1000，seam1，weld1 \ Weave：=weave1，fine，tWeldGun；移动至焊接结束点
MoveL *，v1000，z50，tWeldGun；离开焊接点
MoveL *，v1000，z50，tWeldGun；移动至安全点
Stop；停止

3. 盖面焊接程序

ENDPROC
PROC pjw3（）
MoveJ *，v1000，z50，tWeldGun；移动至起始点
MoveL *，v1000，z50，tWeldGun；靠近焊接位置
ArcLStart *，v1000，seam1，weld1，fine，tWeldGun；移动至焊接起始点
ArcL *，v1000，seam1，weld1 \ Weave：=weave1，z10，tWeldGun；直线焊接
ArcL *，v1000，seam1，weld1 \ Weave：=weave1，z10，tWeldGun；直线焊接
ArcL *，v1000，seam1，weld1 \ Weave：=weave1，z10，tWeldGun；直线焊接
ArcL *，v1000，seam1，weld1 \ Weave：=weave1，z10，tWeldGun；直线焊接
ArcL *，v1000，seam1，weld1 \ Weave：=weave1，z10，tWeldGun；直线焊接
ArcLEnd *，v1000，seam1，weld1 \ Weave：=weave1，fine，tWeldGun；移动至焊接结束点
MoveL *，v1000，z50，tWeldGun；离开焊接点
MoveL *，v1000，z50，tWeldGun；移动至安全点
Stop；停止

参 考 文 献

［1］ 上海发那科机器人有限公司，机器人培训教材［M］. 2002.

［2］ 上海林肯电气有限公司自动化部，Fanuc ARC MATE 系列焊接机器人操作培训课程［M］.

［3］ KUKA Roboter GmbH（库卡机器人有限公司）培训资料，机器人编程 1 库卡系统软件 8.2［M］. 2011.

［4］ DAIHEN corporation，FD 系列使用说明书-操纵器篇［M］.

［5］ 深圳麦格米特电气股份有限公司，Artsen P ＿ C ＿ M 系列焊接电源用户手册 ＿ V1.2 ＿ 20160524-SM-MEGMEET 全数字 IGBT 逆变 CO_2/MAG/MIG 多功能焊机用户手册［M］.

［6］ 深圳麦格米特电气股份有限公司，Ehave 系列焊接电源用户手册 ＿ V1.4 ＿ 20141220 ＿ SM -MEGMEET 全数字 IGBT 逆变 CO_2/MAG/MIG 多功能 焊机用户手册［M］.

［7］ 奥地利福尼斯 Fronius，TransPuls Synergic 2700 操作说明书、备件清单 MIG/MAG Power source［M］. 2011.

［8］ 奥地利福尼斯 Fronius，数字化焊机保养维护手册［M］. 2015.

［9］ 上海林肯电气有限公司，INVERTEC® CV500 操作说明书［M］. 2009.